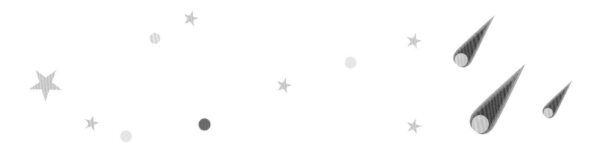

小牛顿 科学故事馆

数学的故事

Shuxue de Gushi

小·牛顿科学教育公司编辑团队 编著

U0378748

北京时代华文书局

给读者的话

　　探究自然规律的科学，总带给人客观、冰冷和规律的印象，如果科学可以和人文学科搭起一座桥梁，是否会比较有"人味儿"，而更经得起反复咀嚼、消化呢？

　　《小牛顿科学故事馆》系列，响应现今火热的"科际整合"趋势，秉持着跨"人文"与"科学"领域的精神应运而生。不但内含丰富、专业的科学理论，还以叙事性的笔法，在一则则生动有趣的故事中，勾勒出重要科学发现或发明的时空背景。这样，少年们在阅读科学理论时，也能遥想当时的思维脉络，进而更关怀社会，反省自己所熟悉的世界观，是如何被科学家和他们的时代一点一滴建构出来。

　　以本册《数学的故事》来说，第一章"数学从何而来"谈到最古老的数学。在那个蛮荒年代，人类为了计算时间、物品，在不知不觉中发展出计数的概念。而在文明进一步发展之后，各个古文明地区又各自产生不一样的计算方式、表示符号，从而让读者了解到，"数学"就是从我们的生活中而来。

　　第二章"好看又好用的几何学"中，谈到古文明在几何学上的进展。会从几何学谈起，是因为几何学是古代人类高度发展的古文明——古希腊文明数学研究的核心。这个时期的数学家，不只算出了各种几何图形的面积，还证明毕达哥拉斯定理，算出球面积、球体积等，而且也产生如毕达哥拉斯、欧几里得、亚里士多德等数学家。

　　第三章"数学计算到代数问题"则描述经过中世纪黑暗时期，欧洲人从亚洲和阿拉伯民族得到数学上的知识。从斐波那契出版《计算之书》开始，人们就对数学有越来越多的研究。因为数学变得越来越复杂，因而就开始有数学家发展出代数理论。数学的延伸型学科——会计学也在这个时候诞生，数学也被应用到其他科学研究上。

　　第四章和第五章分别描述数学在科学革命下的变革。这个时候几何学和代数学结合，产生"解析几何"，微积分也在解析几何之后应运而生。这时候的数学变得更加多元，有数学家为了研究赌博发展出概率论，还有数学家发出数论、图论等新兴数学学科。

　　从第六章"越来越抽象的数学"我们可以看到，数学在数学王子——高斯的努力下，进一步发展出多种抽象理论。例如：他发展出统计数学，提出与传统欧几里得几何

学不一样的几何概念（后来由他的学生黎曼建构完成）。这些抽象的数学虽然看起来怪异，不过却对后来的科学进展影响深远，例如：爱因斯坦的"广义相对论"就是建立在欧几里得几何学的架构下产生。

此外，附录中还有"奇妙的数学游戏"，让我们看看数学是如何巧妙地解决这些数学问题，同时也让你尝试看看如何解题。另外还有数学发展年表，让读者可以快速了解数学进步的脉络。

在今日快速变动的世界里，唯有持续阅读与对不同学科的思考，才能在时代巨流中找到自己的定位，《小牛顿科学故事馆》系列书籍跨领域、重思考、好阅读，能够帮助少年们了解科学理论的背景与人文因素，掌握科学的本质及运作方式，培养"通才"的胸襟及气度！

目录

数学从何而来
俯拾即是的数学

数字充斥在我们生活中的各个角落，包括衣、食、住、行各个方面。

什么是数学？你有没有想过这个问题——是数学课本里的 1、2、3、4；还是科学家写的那些看不懂的方程式；现代化社会中，银行账户里变多变少的数字？

事实上，数学充斥在整个世界，甚至整个宇宙中。例如：你常常穿越的某个马路路口的红绿灯大约是 60 秒；你喜欢喝的饮料售价是 10 元；天空中的月亮大约经过 15 天就会从一弯细月变成满月，再过 15 天，它就又变回细月。

也就是说，只要能够计量的东西，都属于数学的范畴。考古学家在现今斯威士兰一带挖掘到最古老的"数学"工具，是一根狒狒的腓骨，科学家称之为"列朋波骨"，上面被人为刻划出了 29 个凹槽。科学家推测，那是大约公元

列朋波骨

于非洲斯威士兰的列朋波山挖出来的史前人类遗迹。据碳元素测年技术推测，列朋波骨大约是公元前 35000 年的产物。列朋波骨上面有 29 道清楚的刻痕，考古学家推测，这是原始人类用来追踪女性月经周期，或用来记录天上月亮的盈亏周期的。照片中为列朋波骨正面和背面的样子。

前 35000 年，老祖先用来追踪女性月经周期的工具。因为女性的月经大约 29 天来一次，人们可以在刻痕上标记，

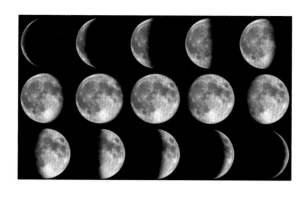

月亮的盈亏有固定的规律，大约 29～30 天月亮就会从朔月（细细的月亮），进入满月，再回到朔月的状态。

避免女性在月经来时还出外打猎或工作。类似的遗迹在法国和非洲都有发现，当时大多是用较容易刻划，且方便保存的骨头来计算数量。这种"刻痕记事"的方法沿用了很久，经过漫长的时间被保留下来，让我们得知不同地区人们的计数方式。

事实上，计算数目就是人类"计算数学"的根源（另一种数学为几何数学）。其中，在远古时代发展得最完整的当属中国的"算筹"计算法了。

传说在中国的伏羲氏时代，天下一片太平，人人安居乐业。一天，奔腾东流的黄河看起来和平常没什么不同，不过，就在一瞬间，天空中雷雨交加，一只头似龙、身似麒麟的动物，背负图点，由黄河进入图河，游弋于图河之中。人们称之为"龙马"。这就是后人常说的"龙马负图"。伏羲氏见后，依照龙马背上的图点，画出了图样。这就是后来的《河图》。

银行的会计系统常常得用到数学运算和数学理论。不过，对于银行的一般顾客来说，只需要关注账户里的金额变化，不需要懂得复杂的会计计算方式。

《洛书》的出现则是传说在大禹治水时期，一天，大禹正在查看黄河的支流洛河水情，遇到一只甲背上有 9 种花点图案的神龟在水里游来游去，大禹让士兵们将图案记下来，研究后受此启发治理黄河，后称之为《洛书》。

《河图》《洛书》从现在的观点来看，就是一些

龙马负图，神龟背书

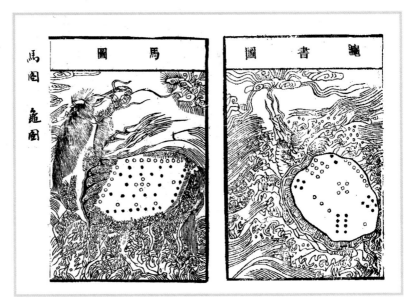

含有数字和方位含意的图形，例如：《河图》用黑点和白点排成了九宫格，并且对应到不同的方向。据传伏羲氏就是用《河图》创造出了八卦：一到九（不含五）分别对应到八个方位，五位于中间，不属于任何方位。

那么，《河图》《洛书》和"八卦"以及后来中国的"算筹术"有什么关系呢？

伏羲氏的八卦在后人的扩充加注下，产生了能推

《洛书》和九宫格

《洛书》可以配合八卦的生成方式，排列成九宫格。考古学家认为，这种格式与中国数学发明十进制有关。另外，相传大禹治水成功之后，将天下分为九州，也是受《洛书》影响。

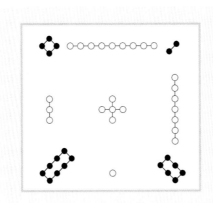

❹ 巽	❾ 离	❷ 坤
❸ 震	❺ 中	❼ 兑
❽ 艮	❶ 坎	❻ 乾

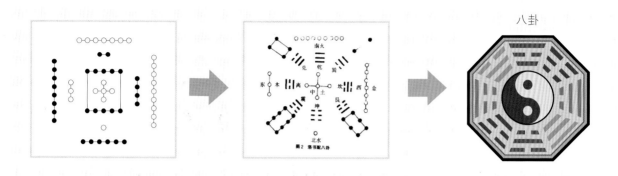

《河图》和八卦

相传现代用于命理的八卦，是伏羲氏看了神兽龙马驮来的竹简——《河图》后发明的。图中为《河图》到现代八卦的演变。

算天体运行，以及推断国家或个人未来命运的《易经》。《易经》中记载了各种算命方法，而这些算命方法就是将占卜出来的数字相加、相减或相乘，算出新的数字，接着再用这组新的数字，判断未来的吉凶。

古人们是怎么计算的呢？中国发明了"算筹"这种计算工具，在商朝时期就已普遍使用。要知道如何用算筹来计算，就必须先知道它的计数法。算筹计数法有横式和纵式两种，如下图。

	1	2	3	4	5	6	7	8	9
纵式	丨	丨丨	丨丨丨	丨丨丨丨	丨丨丨丨丨	丅	丅丨	丅丨丨	丅丨丨丨
横式	一	二	三	亖	五	⊥	⊥	⊥	⊥

这样的计数法并不算特别，它的特别之处在于采用了"十进制的位值表示法"——在表达一个数值时，个位用纵式，十位用横式，百位再用纵式，千位再用横式，万位再用纵式……从右到左，纵横相间，以此类推。这表示每个数字代表的不只是数字本身，还代表它所处的位置，也就是位值（简单举个例子，把3

这个数字放在"百位"上，代表的数值便是300）。
用这样的计数法记录"七万一千八百二十四"，记成：

这种十进制以我们现在来看或许没什么，但比起同时期的其他国家来，却是领先许多。以人类文明的摇篮——两河流域文明来说，大约在公元前2300年出现了璀璨的巴比伦文明。考古学家在擅于观测天文和建筑工艺的巴比伦遗迹中发现了"普林顿322泥板"。这个泥板的完成年代大约在公元前1800年，它由四行楔形文字组成，每行有15个字。这个泥板记录的巴比伦计数法是六十进制系统，也就是每60个数字才结算一次，进位到下一个位值。六十进制大多用来表示时间、角度和坐标位置，到现在仍在使用，例如1个小时有60分钟、1分钟有60秒等，都是用六十进制来制订的。

普林顿 322 泥板

古巴比伦时代的遗迹，大约成书于公元前1800年。普林顿322泥板中记录了古巴比伦时代的数学发明，包括六十进制（如图中所示），以及勾股定理等。右图显示的为泥板中记录的数字。

除了我们现今常用的十进制和六十进制外，电脑用的是二进制，也就是只有 0 和 1，到了 2 之后就进位成高一阶的 1。

我们三个人为一伍，这样也好互相有个照应。

古代军队常用的三进制，例如三人一伍，整个军队可以分为前、中、后军，左翼、中锋、右翼。

电脑作业系统用的二进制

电脑作业系统是用 0、1 构成的二进制来运算。从表可以看出，电脑中的 2 不是 2，而是每满 2 就得进位，因此变成了 10。

十进制	0	1	2	3	4	5
二进制	0	1	10	11	100	101

数学小知识

阿拉伯数字是阿拉伯人发明的吗？

我们现在使用的阿拉伯数字，事实上是印度人在公元 3 世纪左右发明的。后来这种计数方法传到阿拉伯，阿拉伯人进一步把这种计数方法带到欧洲，欧洲人误以为这种数字是阿拉伯人发明的，所以就称它为"阿拉伯数字"。不过，现在要正名为"印度－阿拉伯数字"，而且千万要注意，阿拉伯数字不是阿拉伯人发明的，而是印度人发明的！

阿拉伯数字是我们发明的哦！

我将印度－阿拉伯数字传递出去。

最早的九九乘法

人类拥有了"数字"这项利器，很自然地就会将这些数字加起来，或互相减去。例如：我的祖先用一头牛跟你的祖先换了 3 只猪。后来，我的祖先想要吃更多的猪，就牵了 3 头牛来找你的祖先换猪，那么我的祖先就可以换得：

$$3 + 3 + 3 = 9 （只）猪$$
（1 头牛可以换 3 只猪）

但是，这种简单的加法很快就满足不了我们的老祖先了。后来，我的祖先觉得猪肉实在太好吃了，于是想要自己养，就把自己拥有的 9 头牛牵到你的祖先面前，想要把这些牛统统换成猪。结果你的祖先也很豪迈，一口答应了这个交易。问题是，我的祖先可以换回多少只猪呢？如果用以往的加法，我的祖先可以获得：

$$3 + 3 + 3 + 3 + 3 + 3 + 3 + 3 + 3 = 27 （只）猪$$

有人觉得这样一直加下去实在太浪费时间了，万一我的祖先有 99 头牛，那不就要加上好几个小时吗？于是，有个聪明的人提出了一个方法：先把 3 的倍数列

算算看

如果 1 头牛可以换 3 只猪，那么 3 头牛可以换几只猪？

希腊乘法表

古希腊时代制作出来的乘法表。由于古希腊时还没发展出进位制，所以他们将常用的数字制作成乘法表。这个乘法表非常复杂，一共有 730 项，不过却不够完全。

8 乘 1 得 8，8 乘 2 得 16……8 乘 10 得 80
9 乘 1 得 9，9 乘 2 得 18……9 乘 10 得 90
10 乘 1 得 10，10 乘 2 得 20……10 乘 10 得 100
20 乘 1 得 20，20 乘 2 得 40……20 乘 10 得 200
30 乘 1 得 30，30 乘 2 得 60……30 乘 10 得 300

100 乘 1 得 100，100 乘 2 得 200……100 乘 10 得 1000
200 乘 1 得 200，200 乘 2 得 400……200 乘 10 得 2000

出一张表格，也就是 $3 \times 1 = 3$、$3 \times 2 = 6$……$3 \times 9 = 27$，再搭配上十进位的方法，就可以解决这个问题了。如此一来，原来的问题就变成了：

3 × **9** = **27**（只）**猪**

（一头牛换3只猪）　（共9头牛）

如果我的祖先有99头牛，则他一共可以换到：

$3 \times 99 = 3 \times (90 + 9) = 3 \times 90 + 3 \times 9 = 270 + 27 = 297$（只）**猪**

这种将 $1 \sim 9$ 的数字乘 $1 \sim 9$ 并将结果列出来的模式，就是我们现在背的九九乘法表。

考古学家从古物和文献中推测，世界上最早的九九乘法应该产生于中国，因中国使用十进制的"算筹计算法"。其实，类似的乘法表在古希腊和古巴伦也有，只是因为他们不是用十进位，所以乘法表比九九乘法表复杂许多，以古希腊的乘法表来说，因为它把 $6 \times 10 = 60$、$10 \times 100 = 1000$ 等都列上去了，所以整个乘法表的数量远远超过九九乘法表，因此，在古巴比伦和古希腊时代，计算乘法非常困难且繁复，只要你能够算出大数的乘法，例如 7562×523，就会被认为是数学家。而这种乘法，在古代的中国许多人都会算。

中国的九九乘法大约在春秋战国前就已经成熟，在当时的许多史料，如《荀子》《管子》《灵枢经》（医学用书）《孙子算经》《九章算术》中都有出现。目前能找到最古老的遗迹是在湖南省挖掘出来的《算表》竹简，考古学家通过定年法技术推测它大约成书于公元前305年的战国时代。

古人的九九乘法和现在的略有不同，也许是他们

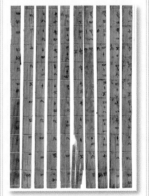

九九乘法表

清华简《算表》

清华简是战国中晚期（约公元前300年）的古物，最早因为盗墓者的掠卖而散落各地，后来经由清华大学的校友赵伟国收购，并捐给清华大学，才得以完整呈现。清华简中包含《算表》这一章节，其中记录了完整的九九乘法表。据考古学家参照其他古书推测，九九乘法表在春秋战国时代就已经非常风行。

认为乘数是 1 太过简单，所以没有列出，而是从"二二得四"（2×2=4）开始到"九九八一"（9×9=81）为止，各地还把九九乘法编成不同的儿歌，统称为"九九歌"让儿童背诵。下面的故事记载在由汉朝文学博士韩婴所著的《韩诗外传》中，可以看出九九乘法在春秋战国有多么普遍。

故事发生在春秋时代早期，大约在公元前 600 多年。当时，还没称霸的齐桓公刚即位不久，设立了一个会馆专门用来招揽全天下有才干的人，希望能够广纳人才，让齐国强盛起来。不过，在这个会馆刚成立之时，由于齐国位于离中原较远的东北方，因此没人来应征。

一天，终于有人来了。这人和齐桓公及在场的大臣作揖问礼之后，就从怀里拿出了一份刻有九九乘法表的竹简，说这是他要进献给齐桓公的。

齐桓公和在场大臣先是一愣，而后笑到嘴巴都合不拢，有大臣说："九九乘法表这么普遍的东西，有什么好拿来进献的？"

那人听了大臣的质疑后，笑着说："夫九九薄能耳，而君犹礼之，况贤于九九者乎！"意思是说：如果像九九乘法这么简单的才能，大王都能够以礼相待，那么还怕没有怀有更高才能的人来投靠吗？齐桓公听了之后醍醐灌顶，马上就接纳了这人。后来，齐桓公的会馆果然门庭若市，许多有才干的人都前来为齐桓公效力。这个故事一方面可以看到齐桓公的礼贤下士，另一方面也可以看到九九乘法在古代中国的普及。

乘法出现之后不久，中国陆续又有除法和平方根等计算方法出现。到了战国时代，诸子百家中的墨家

墨子和《墨经》

墨子（公元前 479 年—前 381 年）本名墨翟，是春秋末期战国初期的重要思想家。除了在政治上的理念，墨子在科学上也有许多贡献，他是中国最早研究杠杆原理、针孔成像的科学家，对几何数学也有所研究。有关墨子的思想和科学研究都记录在《墨子》一书中。

还利用这些计算方法做力学、光学、几何学等科学研究。这些研究都被记载在墨家的结集著作《墨子》中。

我不接受 0 和负数

讲了这么多数学计算后，你有没有觉得好像少了一点什么呢？没错，就是少了 0 和负数。

0 和负数在数学史上是很特殊的存在，人类在发明了数字和四则运算好几百年之后，才慢慢接受了 0 和负数的概念。以天文历法和数学都发达的古希腊来说，大哲学家亚里士多德曾经说过：

0 是非法的，不应该存在的。因为它会破坏数字的一致性，得到不可理解的结果。

虽然以我们现在的观点来看，亚里士多德的说法简直是胡说八道，不过，在当时人们看来，0 的确是一个很难处理的东西。在亚里士多德的观念中，如果 0 存在，则会得到以下的结果：

$$2 \times 0 = 0 ; 3 \times 0 = 0 ; 4 \times 0 = 0$$

接着我们再依靠四则运算把 0 移项，则会得到：

$$2 = \frac{0}{0}$$

$$3 = \frac{0}{0}$$

$$4 = \frac{0}{0}$$

这样一来，$\frac{0}{0}$ 可以等于 2、3、4 等任何数字，这造成了一个完全无法理解的现象。因此，亚里士多德索性就将 0 踢出了数字的王国。

古希腊人之所以会这么纠结于 0 的存在与否，和他们将"计算数学"和"几何数学"结合在一起息息

亚里士多德

亚里士多德（公元前 384 年—前 322 年）是古希腊著名的哲学家、柏拉图的学生，以及亚历山大的老师。亚里士多德的哲学讨论领域极广，包含政治、道德、美学、逻辑、数学、科学、经济学等。亚里士多德和苏格拉底、柏拉图被认为是西方哲学的奠定者。

相关。例如，他们会把数字想象成一条绳子，若这条绳子本来有 5 个单位长度，减掉了 3 个单位长度，则会剩下 2 个单位长度；将绳子以长和宽分别为 3 个和 2 个单位的长度围起来，则会得到面积为 6 的区域。

在这样的系统中，很难去思考边长为 3 个单位长度，和 0 个单位长度的区域的面积为多少。这个问题若是从几何学角度来思考，光是想到就令人火大。

德·摩根

德·摩根（1806-1871）是英国数学家、逻辑学家。他提出了逻辑学中的德·摩根定律，还发现了完整的数学归纳法。

古希腊不接受 0 这个数字

同样的，由于几何数学中也没有负面积或负长度的概念，因此西方数学从古希腊时代一直到 18、19 世纪，都有数学家不接受负数的概念。其中，最著名的是 19 世纪初的逻辑数学家德·摩根，他到过世之前都认为"负数"这种东西是虚构的。他为了佐证自己的想法，提出了一个有名的问题：

假设某一年时，某个人的年龄是 29 岁，他的父亲的年龄是 56 岁。请问几年之后，父亲的年龄刚好是儿子的 2 倍。

依据以上的问题，我们可以列出以下式子：

假设过了□年后，则：

$$56 + □ = 2 \times (29 + □)$$

$$56 + □ = 58 + 2□$$

$$□ = -2$$

答案就是 −2 年后，父亲的年龄会符合题目中所说，是儿子的 2 倍。不过，−2 年后可以说是已经过去的 2 年前，在现实生活中是完全不存在的。

相对于古希腊人对 0 和负数的焦躁不安，古印度人对 0 和负数的接受却是自然而然的。因为古印度数学将"计算"和"几何学"分离，他们在很久以前就发明了"数轴"这种纯代数的系统。在这个系统中，每隔一样的距离就可以划记一个数字，越向右越大，越向左越小。如此一来，古老的印度人不但可以得到 1、2、3、4 等正数，还可以得到 0、−1、−2、−3 等负数。

29岁　56岁

请问几年后父亲的年龄刚好是儿子的两倍？

1831 年，德·摩根以这个问题来否定"负数"的合理性。这个数学题经过运算之后，会得到 −2 这个答案，不过时间不能倒流，所以德·摩根认为负数不存在实际意义。

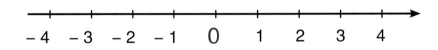

数轴

数轴是一条含有原点、方向和单位长的直线。

在数轴系统以及印度人发明的印度 − 阿拉伯数字架构下，印度数学在公元 3—8 世纪领先了全世界，它包含了 0 和负数的运算，以及一元二次方程式的公式解法（详见本书第三章）等。后来，这些数学研究成果都随着兴起的阿拉伯帝国被传到欧洲大陆。

好看又好用的几何学
量量金字塔有多高

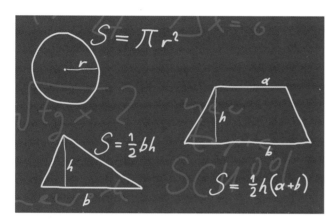

$$S = \pi r^2$$

$$S = \frac{1}{2}bh$$

$$S = \frac{1}{2}h(a+b)$$

计算几何图形的面积是最早的几何学研究内容，这种计算在日常生活中时常用到，例如计算田地大小、计算盖房子时要使用到的材料量。

"几何数学"，简称"几何学"，是传统数学中相对于"计算数学"中的另外一支。它包含了一切有关图形和大小的分析。从测量并计算三角形或梯形的面积、数学家研究出来的全等三角形定律、尺规作图，到新兴的数学研究领域的"分形理论"都是几何学。

这些看起来既复杂又美丽的几何图形，最早都是为了解决我们日常生活的问题而产生的。例如，假设你有一块方方正正的田地，你可以很清楚地计算出这块田地的面积是长乘以宽，如此一来，就可以计算大约可以种多少作物，要用多少水灌溉等。不过，如果

分形研究

分形研究是现代几何学中的一支，主要研究自身每个部分都和整体看起来很像的几何图形。

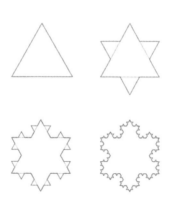

你的田地是上小下大的梯形，那你该如何计算这块田地的面积，以及能种多少作物呢？梯形的面积公式就是在这样的情况下应运而生的。

原始人类利用手边的工具描绘出田地、月亮或山的样子，可以视为最早的几何学。

几何学在许多文明古国都有，包括中国、古印度、古巴比伦和古希腊，毕竟无论你是哪国人，都要耕种，都要制作容器、斧头等工具，做这些事情或制作这些工具会牵扯到各种形状的测量和计算，因此都要用到几何学。在这些文明古国中，对几何学研究最透彻、应用最广泛的当属位于地中海沿岸的古希腊。

一般人谈到古希腊时，总会想到它的哲学家。苏格拉底、柏拉图、亚里士多德三人是大家耳熟能详的哲学家，哲学的研究范围主要在伦理学和政治学。他们三人是一脉相传的师生关系，被后世称为"苏格拉底学派"。事实上，在苏格拉底以前还有一个很有名的哲学学派，他们的研究重点在世界万物的生成原因，以及世界万物的规律等，这个学派名为"米利都学派"，因为它是由米利都的泰勒斯所创。

用现代的观点来看泰勒斯，他不太像是哲学家，反而更像是科学家。根据史料记载，有一年冬天，泰勒斯观测天文和气象，预测了明年夏天的气候会较为干燥温暖，橄榄一定会大丰收。因此，他在当年就跟全雅典的橄榄榨油工厂租借了全部的榨油设备，预备在明年夏天派上用场。冬天租借榨油机器比较便宜，不过，榨油工厂的人都不知道泰勒斯哪来的自信，这么肯定明年的橄榄一定会丰收。如果泰勒斯的预测错误，到时候许多机械将会闲置，泰勒斯也将损失惨重。

泰勒斯

泰勒斯（公元前 624 年 – 前 546 年）出生于古希腊的米利都，所以常被称为米利都的泰勒斯，而由他所创的学派被称为"米利都学派"。泰勒斯是比苏格拉底还早的古希腊哲学家，他的研究范围以自然科学为主，因此泰勒斯也被称为"人类历史上第一个科学家"。泰勒斯在天文学、气象学、数学等方面都提出过许多理论。

橄榄有许多不同的品种，有的可以用来腌渍成食物，有的适合用来榨油，用橄榄榨出来的油被称为橄榄油。橄榄喜欢生长在温暖、干燥、阳光充足的地方，欧洲的地中海周边非常适合它生长，因此栽种了大量的橄榄。

到了第二年夏天，全雅典的气候果然温暖宜人，雨水也比以往少了一些。在这样美好的阳光之下，橄榄果然长得又大又多，全雅典上上下下都动员起来采收橄榄。毫无疑问地，泰勒斯也在这一年大赚了一笔。

除了预测天气以外，泰勒斯还能预测日食和月食时间，以及推测出尼罗河泛滥的原因等。此外，在数学方面，他留下了一个很有名的几何学定理，那就是——截距定理。这个定理也跟其他早期的几何学研究一样，是为了解决生活上的问题。

泰勒斯在经商成功之后，就走访了他心心念念的古埃及，想要跟埃及的祭司和其他天文官学习数学和科学知识。相传他在走访埃及时，刚好遇到当时的法老要求祭司计算出每个金字塔的高度。金字塔非常高，以旁边有座狮身人面像的哈夫拉金字塔来说，高度就有 136.5 米。这么高的金字塔既难以攀爬，也无法拿长竿子去测量它，因此全埃及的祭司都非常苦恼。后来，泰勒斯知道了这个问题，想了好几天之后，终于想到了解决方案，并且邀请当时的法老和祭司来看他的测量方法。

狮身人面像和哈夫拉金字塔

金字塔的高度动辄 100 多米，很难用一般的工具去测量。照片中为知名的狮身人面像和哈夫拉金字塔，下方的游客在高大的金字塔前显得十分渺小。

见泰勒斯拿着一根长竿和一条普通尺寸的皮尺，就想要测量金字塔的高度，现场的法老和祭司都不知道他葫芦里到底在卖什么药。泰勒斯将长竿立在沙地上，并命士兵和他在同一时间测量长竿和金字塔的影子长度，另外还测量了长竿的长度。接着，他就用这三个数据，在沙地上计算出他测量的金字塔高度。泰勒斯的几何概念和计算如下：

概念：由于是在同一时间测量金字塔和长竿的影子，所以阳光对金字塔以及长竿的照射角度是一样的。

金字塔高度∶金字塔影子长度

＝长竿长度∶长竿影子长度

→金字塔高度

＝金字塔影子长度 × 长竿长度 ÷ 长竿影子长度

后来，泰勒斯将这个运算结果变化成简单的几何图形，如下图。直线 BC 和直线 DE 是两条平行线，因此构成的三角形 ABC 和三角形 ADE 是相似三角形，因此有 $AD/AB=AE/AC=DE/BC$ 的关系。这个定理就被称为"截距定理"。

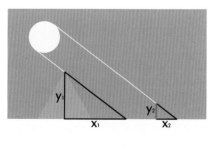

$$y_1/x_1 = y_2/x_2$$

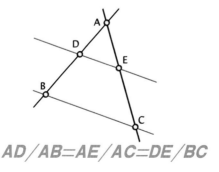

$$AD/AB=AE/AC=DE/BC$$

金字塔测量和截距定理

古希腊哲学家泰勒斯利用太阳光照在金字塔和长竿上产生的影子，测量出金字塔的高度。后来，泰勒斯还将它发展成可以在纸上绘画、运算的截距定理。

给我数学，其余免谈

泰勒斯在晚年创立了探索自然规律的"米利都学派"，许多知名的哲学家都是他的学生，而这其中最有名的当属毕达哥拉斯。

毕达哥拉斯定理

毕达哥拉斯定理就是在一个直角三角形中，两直角边的平方和，等于斜边的平方。这个定理又被称为商高定理、勾股定理。

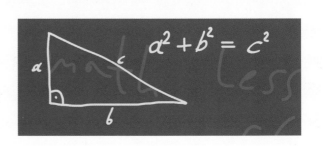

毕达哥拉斯最为现代人所熟知的是他的毕达哥拉斯定理，也就是直角三角形三边的比例关系 $a^2+b^2=c^2$。不过，毕达哥拉斯并不是发明或创造了它，而是证明了这个定理的普遍性，也就是任何直角三角形都符合这个定理。

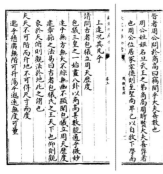

《周髀算经》书影

《周髀算经》是中国古代的数学著作，记录了从周朝到汉朝的天文观测方法和数学技巧。《周髀算经》在中国唐朝时被收入《算经十书》中，为《十经》之首。

像这种符合 $a^2+b^2=c^2$ 的三个数，在中国称为"勾股数"，如：（3，4，5）、（5，12，13）。根据中国古代的数学专著《周髀算经》记载，在中国的西周初期，周公和商高谈论数时，就曾提出（3，4，5）这组勾股数。此外，古巴比伦石板也记录了一组公元前发现的最大勾股数（12709，13500，18541）。所以"毕达哥拉斯定理"又名"勾股定理"或"商高定理"。

毕达哥拉斯早年向泰勒斯讨教过，后来就在泰勒斯的指点下，跨洋跑到埃及去学习他最爱的数学。随后，毕达哥拉斯还游历了印度、巴比伦等文明古国，目的都是为学习数学及其他哲学知识。

毕达哥拉斯出国游学 20 年后归国，在古希腊创办了"毕达哥拉斯半圆"这间学校，教授数学和各类哲学。但学校在早期招生并不顺利，没有任何一个学生愿意来追随这个默默无闻的数学狂热分子。后来，毕达哥拉斯改用钱来吸引学生。据传他的第一个学生是一个小男孩，毕达哥拉斯允诺他，只要他听一节数学课就给他 3 银钱。就这样过了几个星期之后，毕达哥拉斯发现小男孩从勉强学习转变为对数学极为感兴趣。于是，他假装因故不能来上课，小男孩反而愿意用付学费的方式，要求毕达哥拉斯给他上课。

后来，毕达哥拉斯因为在社会改革方面和古希腊当地的执政官意见不和，转到意大利南部的克罗敦办学。幸运的是，毕达哥拉斯在这边受到大富豪米罗的极力赞助。米罗本身是毕达哥拉斯的学生，也是一名数学狂热分子。后来，他还将自己美丽又聪明的女儿嫁给毕达哥拉斯。

毕达哥拉斯的学校在意大利南部发展得非常成功，人数及弟子达到上千人。后来的史学家以"毕达哥拉斯学派"来称呼他们。他们延续了毕达哥拉斯的兴趣，持续研究数学（如发现正十二面体是由 12 个正五边形构成等），只是毕达哥拉斯学派发展到最后，已经变得对数学有点走火入魔，也让这个学派在外人的心中都罩上一层神秘的面纱。

例如，他们热爱研究几何图形、整数和有理数（可以用两个整数相除表示的数，如 $\frac{3}{7}$、$\frac{19}{4}$），演变到后来，他们还给许多数字安上哲学内涵，例如 2 代表沟通、5 代表婚姻、10 代表完美等。

另外，他们还称和自己所有因数的总和相同的数为"完美数"。如：

米罗

米罗是公元前 6 世纪希腊克罗托那的摔角高手和大力士，他曾经 6 次在古代奥林匹克运动会上获得摔角冠军。有关米罗身为一个大力士的传说很多，传说他可以一个人扛起一头公牛。后来，米罗也成了大力士和力量的象征。

6 的因数是 1、2、3、6

而且 6=1+2+3

28 的因数是 1、2、4、7、14、28

而且 28=1+2+4+7+14

毕达哥拉斯学派认为因为 6 和 28 是如此完美，所以上帝才选择以 6 天创造万物，月球才会以 28 天为周期绕地球一周。

有理数和无理数

有理数

凡是可以表示成分数形式的数都是有理数。图中为一条数轴上的众多有理数。

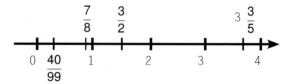

数轴上的 $\sqrt{2}$

根据毕达哥拉斯定理，当一个直角三角形的两边都是 1 时，它的斜边为 $\sqrt{1^2+1^2}$，即 $\sqrt{2}$。如果我们用圆规，以这个图上的 0 为圆心，$\sqrt{2}$ 当作圆的半径长，就可以在下方的数轴上画出 $\sqrt{2}$ 的位置。从这里可以看出 $\sqrt{2}$ 介于 1.4 和 1.5 之间，

不过它无法用分数的形式表示，所以它是一个无理数。

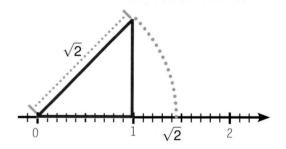

尽管毕达哥拉斯学派在公元前 6 世纪末（中国大约在孔子的年代）日益壮大，却有件事情一直卡在毕达哥拉斯心中。数学对于毕达哥拉斯来说，最美好的地方就是它可以对应到宇宙万物，而且全部的数字都可以用整数，或整数相除出来的分数来表示（也就是数学中所说的"有理数"）。

他在证明了毕达哥拉斯定理之后，却发现了一件

难以解释的事情。那就是当他用 1 为直角三角形中垂直的两边边长时，会得到第三边为 $\sqrt{2}$ ，数学式如下：

$$1^2+1^2=X^2$$

$$\rightarrow X^2=2$$

$$\rightarrow X=\sqrt{2}$$

毕达哥拉斯始终无法用两个整数相除得到 $\sqrt{2}$ 。这个问题在毕达哥拉斯学派中一直被列为机密，因为一旦这件事被发现，以数学起家的毕达哥拉斯学派可能在一瞬间瓦解。

在毕达哥拉斯学派隐藏这个秘密的同时，毕达哥拉斯本人，以及他的学生都在寻找这个问题的解决方案。后来，毕达哥拉斯的一名学生希伯索斯，想到了一个聪明的解决方案，证明了 $\sqrt{2}$ 是一个无法用两个整数相除表示的数，也就是无理数。希伯索斯的证明如下：

毕达哥拉斯

毕达哥拉斯（公元前 570 年－前 495 年）是古希腊哲学家和数学家，创立了"毕达哥拉斯学派"，以研究数学和神秘学闻名。毕达哥拉斯在数学上最有名的成就就是证明了毕达哥拉斯定理。

利用反证法证明 $\sqrt{2}$ 为无理数

假设 $\sqrt{2}$ 为有理数，也就是可以表示成 $\dfrac{a}{b}$ 。

其中 a 和 b 已经约分成互质（只有唯一的公因数 1），即：

$$\sqrt{2}=\frac{a}{b} \quad 且\ (a,b)=1$$

（移项后） $\sqrt{2}\ b=a$

（两边平方后） $2\ b^2=a^2$

所以 a 是偶数，因此可以把 a 表示为 $2c$

将 $a=2c$ 代回上式，可以得到 $2\ b^2=(2c)^2$

$2\ b^2=4c^2$

$b^2=2c^2$

b 也为偶数

a 和 b 都为偶数，因此至少有公因数 2，与原来的假设不合，

所以并不存在 a 和 b 可以用来表示 $\sqrt{2}$ 。

希伯索斯

希伯索斯（生卒年不详，约生活在公元前 500 年）是大数学家毕达哥拉斯的学生，他是世界上第一个证明无理数的人。据传他在证明无理数之后，被毕达哥拉斯逐出师门，并在船上被他的同学推入大海。

当希伯索斯证明出 $\sqrt{2}$ 是无理数之后，很高兴地把这个证明结果拿给毕达哥拉斯看。希伯索斯原本以为，就算这个结果和毕达哥拉斯学派一直以来倡导的有冲突，也算是数学上的一个突破，照说会获得毕达哥拉斯的赞赏。

让希伯索斯料想不到的是，在他和毕达哥拉斯讲了这个证明方法后，毕达哥拉斯就将他逐出师门。而且，更悲惨的是，据说希伯索斯准备搭船到别的国家时，却遇到了毕达哥拉斯学派的其他同学，他们二话不说就把他绑起来，扔到大海里淹死，就这样断送了一位优秀数学家的性命。

这个因为误以为世界上只有"有理数"，而对 $\sqrt{2}$ 感到恐慌的事件，在数学史上称为"第一次数学危机"（之后还有第二次数学危机）。事实上，数轴上并不是只有 $\sqrt{2}$ 这个无理数，$\sqrt{3}$、$\sqrt{5}$、π（圆周率）、e（数学常数）等都是无理数。

公理化数学

毕达哥拉斯过世之后，毕达哥拉斯学派再也没有一个像样的数学家产生，整个学派变成眷恋万物数字的迷信学派，很快就失去了光彩。此外，随着亚历山大大帝的崛起，帝国分裂成托勒密王朝、塞琉古王朝、安提柯王朝，其中最强大的是位于埃及和北非的托勒密王朝，所以地中海周边的文化重心再度转回埃及的亚历山大港。也是在这样相对安定发展的时期，亚历山大港承接了毕达哥拉斯的几何学，并且诞生了一位著名的几何学大师——欧几里得。

历史上有关欧几里得的记录非常少，一本《几何原本》（约成书于公元前 300 年）奠定了他"几何学之父"的名号。

许多名人都对《几何原本》发表过评论，例如大科学家爱因斯坦曾说："如果欧几里得无法点燃你青春的热情，那么你天生就不是一位科学式的思想家。"美国最伟大的总统之一林肯也曾经说过："影响我最重要的三本书分别是《圣经》《莎士比亚全集》和《几何原本》。"

中国则是直到明朝末年，才由科学家兼政治家徐光启和天主教传教士利马窦共同翻译了这本畅销欧洲一千多年、甚至奠定欧洲严谨科学研究方法的奇书。到底《几何原本》有什么魔力，能够彻头彻尾地改变或奠定人类的科学思维呢？

《几何原本》和古希腊数学甚至更早期数学最大的不同在于，它使用了"公理化证明"的方法。所谓"公理化证明"是从几个"不证自明、显而易见"的公理（或称公设）出发，一步一步去证明、堆叠出整个系统。

以《几何原本》来说，它一开始就写了有名的欧几里得五大公设，分别如下：

欧几里得

欧几里得（公元前325年－前265年）是古希腊划时代的数学家，主要生活在古埃及的亚历山大港（亚历山卓），因此又被称为亚历山卓的欧几里得。欧几里得写成了几何学的大作《几何原本》，因此被后世称为"几何学之父"。

《几何原本》

《几何原本》是古希腊数学家欧几里得的著作，主要讨论了平面几何学、立体几何学以及数论。《几何原本》被认为是现代数学的开端，因为它利用了公理化证明的方式，严格且详尽地推导出每个数学结论。左图即为《几何原本》介绍正多边形的页面。《几何原本》是西方世界中发行量仅次于《圣经》的书。

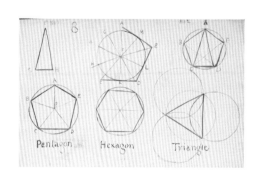

1. 从一个点向另一个点可以引出一条直线。

2. 任意线段可以无限延长成一条直线。

3. 给定任意线段，以它的一个端点作圆，可以得到一个半径为这个线段长的圆。

4. 所有直角都相等。

5. 如果两条直线都与另一条直线相交，并且在同一侧的内角和小于两个直角，则这两条直线在这一边必定相交。（可改写为：如果两条直线都与另一条直线相交，而且夹角都是直角，则这两条直线必不相交。）

接着，欧几里得就从这五大公设出发证明了第一个题目，再用这五大公设和第一个题目的证明结果去证明第二个题目。就这样一直延续下去，证明了《几何原本》中400多道几何题目。

像这种从"公理"出发，一步一步去建构整个数学或科学架构的方法，就被称为"公理化数学"或"公理化科学"。这种方法建构了现代科学，因为只有从已知的知识出发去推导、证明，才能建构整个庞大、无误的科学体系。

事实上，《几何原本》中不只有几何学，在十三卷的内容中，有三卷是在介绍"数论"，也就是论述公因数、公倍数、质数、几何级数等性质，其中欧几里得还发明了求两数最大公因数的"辗转相除法"。不过，《几何原本》最大的贡献还是在几何学方面，在证明了平面几何之后，欧几里得在最后的三卷介绍并证明了几种立体结构，其中，最令人吃惊的是，他利用尺规作图在平面上画出了正四面体、立方体（正六面体）、正八面体、正十二面体、正二十面体，并且证明，除了这五种，再没有其他的正多面体了。

1	3869	6497	1
	2628	3869	
8	1241	2628	2
	1168	2482	
	73	146	2
		146	
		0	

辗转相除法

辗转相除法是数学家欧几里得发明出来，用来找两数之间最大公因数（可以整除两数的最大数）的方法。方法是将两数并列列出，并用大数除以小数，得到余数之后，再用小数除以余数。如此重复下去，最后得到可以整除的数时，即为两数的最大公因数。上图中的计算可以得出，3869和6497的最大公因数为73。

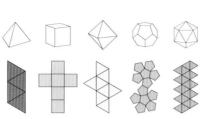

正多面体

正多面体就是由多个重复的正多边形构成的立体几何图形。

值得一提的是，几何学的应用无远弗届。1968 年发现的诺如病毒及 1985 年发现的巴克球（C_{60}），都是截角二十面体，也就是把正二十面体的 12 个角都截掉而成的几何形。

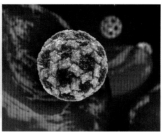

巴克球（C_{60}）、诺如病毒和足球的结构都是截角二十面体。

从圆周率到球的体积

欧几里得的《几何原本》不只对后世影响巨大，在当时也造成很大的影响。据史书记载，欧几里得的《几何原本》一出版立即成为王公贵族争相学习的"流行产物"，不只皇宫里面如此，连有钱的商人也希望自己的小孩算得一手好几何。托勒密王朝的统治者托勒密一世也在学习的行列之中。托勒密一世曾经因为几何学太难，写信给欧几里得，问他是否有简单、快速学会几何学的方法。欧几里得很客气，却又坦诚地回信给托勒密一世说：

"抱歉，陛下，在学习几何学的路上人人平等，都要从基础学起，没有通往几何学的皇家大道。"

在众多学习几何学的人中，总有几个天分极高的人。接下来要介绍的这位数学界的巨擘，即是欧几里

托勒密一世

托勒密一世（公元前 367 年—前 283 年）原本是亚历山大大帝的好友兼部将，在公元前 323 年亚历山大帝国分裂时，托勒密被分封到埃及。于是，他就以埃及的亚历山大港（亚历山卓）为首都，建立了托勒密王朝。

阿基米德

阿基米德（公元前287年—前212年）是古希腊著名的工程师、数学家、物理学家。阿基米德在物理学上的贡献包含提出杠杆原理、浮力原理，发明阿基米德式螺旋抽水机、起重机等。他在数学上的成就更是卓越，除了研究球体积、球面积、圆周率，还有组合数学、无穷大等。阿基米德、牛顿以及高斯被后世评为历史上最伟大的三名数学家。

穷竭法

穷竭法就是在圆内做内接正多边形，也在圆外做外切正多边形。接着重复地把正多边形的边数加多，最后就可以得到很接近圆形的内、外正多边形，从而计算出圆周率的区间范围。

得最得意的学生，那就是叙拉古的阿基米德。

我们知道阿基米德提出了杠杆原理，发明了投石机，并且利用浮力原理帮助国王辨别真假黄金皇冠。但大部分的人都不知道，除了物理学上的研究，阿基米德是数学史上最重要的数学家之一，甚至有人将阿基米德、牛顿和高斯评为数学史上最伟大的三位数学家。

阿基米德出生于意大利西西里岛的叙拉古，因此被称为叙拉古的阿基米德。受到身为天文学家和数学家的父亲的影响，阿基米德从小就对科学非常有兴趣，尤其是数学。在九岁时，聪明的阿基米德被父亲送往当时地中海区域的政治、经济重心——埃及的亚历山大港，学习文学、天文学和数学，并且拜当时家喻户晓的几何学大师——欧几里得为师。

阿基米德不到20岁就学成回国。由于在数学和机械上的优秀才能，阿基米德被邀请进入皇宫工作。阿基米德经常为了研究数学和机械废寝忘食，据说走进他的住所，在他的床上或墙上，处处可见他涂鸦的几何图形和方程式。

阿基米德在数学上的贡献非常多元。在几何学方面，他利用"穷竭法"求出圆周率的近似值区间为 223/71 < π < 22/7，也就是 3.140845 < π < 3.142857。所谓"穷竭法"也就是在圆内做内接正多边形，也在圆外做外切的正多边形，随着正多边形的

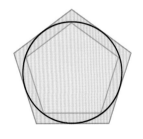
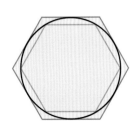

边数越来越多，正多边形的边长和就越来越接近圆周长。在计算圆周长的同时，阿基米德指出了圆周率的近似值，并且找出了计算圆周长和圆面积的公式。另外，阿基米德还利用更复杂的几何切割法，求得球的体积是可以容纳它的最小圆柱体体积的 $\frac{2}{3}$。

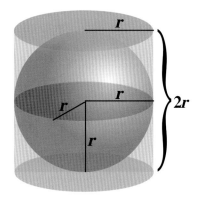

圆柱体和球的体积

为了算出球的体积，阿基米德先在球的外面做了一个外接圆柱体。圆柱体的底面积为 $r^2\pi$，所以圆柱体的体积为 $2r^3\pi$。阿基米德计算出圆柱体内接最大球的体积恰恰等于圆柱体的 $\frac{2}{3}$，所以球的体积就是 $\frac{4}{3}r^3\pi$。

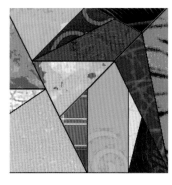

阿基米德发明的十四巧板和现今流行的七巧板很类似，都可以用固定的几个拼图拼出不一样的几何图形。

此外，阿基米德还提出了阿基米德螺线，这种方法在后来可以用来等分任意角度，是现代电脑绘图中极为重要的计算方式。十四巧版（类似益智游戏七巧板）可以排列成不同的图形，阿基米德列了17152 种方法，并且将它们分为 536 个大类。由于阿基米德在数学上的贡献实在太大了，因而让科学之父——伽利略直呼阿基米德是"超人阿基米德"。现代数学界最重要的奖项——菲尔兹奖的奖章正面刻了阿基米德的头像，背面刻了放在圆柱体里的球。

数学界的最高荣誉菲尔兹奖的奖章正面刻了阿基米德的头像，背面刻了球体嵌在圆柱体内的几何图形。

数学计算到代数问题
斐波那契数列和黄金分割

古罗马建筑

古罗马建筑指的是从罗马王国建立到西罗马帝国灭亡（公元前 753 年—476 年）这段时间内，由罗马人引领建造的建筑物和风格。古罗马建筑承接古希腊的建筑，并将它往前推进一大步，在 1—4 世纪时堪称世界之最。古罗马建筑除了使用了世界上最早的混凝土外，还运用了大量的数学和力学计算，因而能建造出拱门和巨大建筑物。照片中为马克森提乌斯和君士坦丁巴西利卡遗迹，以及罗马竞技场。

欧洲数学在欧几里得的《几何原本》问世之后突飞猛进。除了阿基米德将几何学应用到力学方面，发展出"杠杆原理"之外，罗马帝国的建筑师更借助几何学的知识，计算出各式建筑材料的质量、用量，以及支撑力等问题，建造出许多宏伟且坚固的罗马建筑。此外，在罗马大军统治了欧、亚、非三大洲之后，中央政府为了加强对地方的控制，大规模绘制地图，在这期间，发展出了接近于现代的三角函数。其中，1世纪时，古希腊天文学家托勒密的著作《天文学大成》的附录中，即有详细的三角函数表。这个函数表详细、精准，被后世的天文学家、数学家、建筑师沿用了一千年之久。

不过，在西罗马帝国因为日耳曼民族的入侵而灭亡后，欧洲大陆的实质统治权渐渐地移到兴起的基督教教会手上，进入了长达 500 年的黑暗时代（中世纪早期）。在这期间，科学家和数学家的工作都被教会视为异端，教会认为他们不务正业并与上帝作对，因而大力迫害科学家和数学家，也让数学在欧洲的进步陷入停滞。此外，在数学上，可谓成也"几何"，败也"几何"。由于早期欧洲数学在几何学上的成功，让许多欧洲数学家无法接受"抽象"的数学。因为几何学在数学上是很具象的一支，任何数学运算都可以对应到几何图形，或者反过来说，对于任何无法对应到几何图形的数学，许多欧洲数学家都一概排斥，如：第一章说过的"0"和"负数"、无穷小、无限大等概念。就这样，欧洲数学陷入了长长的睡眠中。

《天文学大成》

《天文学大成》是由古希腊天文学家克罗狄斯·托勒密（约100—170 年）所著。虽然其中提出了错误的"地心说"，而让西方天文学被误导了一千多年，不过，书中记载了许多从古希腊时代到罗马时代的数学知识，对于后世的数学研究非常重要。

三角函数和简易三角函数表

三角函数是一门研究直角三角形在不同角度时，不同边长之间的比值的数学学科。由图中可以看出，当直角三角形中的一个锐角角度为 α，则它的正弦函数（sin）、余弦函数（cos）、正切函数（tan）分别为不同边的比值。由于这些比值都是固定的，所以数学家为了方便使用，将它制作成与不同角度对应的表格。由托勒密所著的《天文学大成》中，含有每个角度对应的三角函数表。

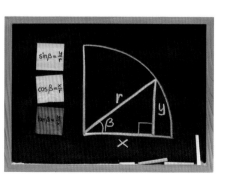

特殊角的三角函数值表

三角函数 / 角 / 三角函数值	0⁰	30⁰	45⁰	60⁰	90⁰
弧度	0	$\pi/6$	$\pi/4$	$\pi/3$	$\pi/2$
$\sin\alpha$	0	$\dfrac{1}{2}$	$\dfrac{\sqrt{2}}{2}$	$\dfrac{\sqrt{3}}{2}$	1
$\cos\alpha$	1	$\dfrac{\sqrt{3}}{2}$	$\dfrac{\sqrt{2}}{2}$	$\dfrac{1}{2}$	0
$\tan\alpha$	0	$\dfrac{\sqrt{3}}{3}$	1	$\sqrt{3}$	不存在
$\cot\alpha$	不存在	$\sqrt{3}$	1	$\dfrac{\sqrt{3}}{3}$	0

斐波那契

斐波那契（1175—1250）是意大利数学家，他是第一个将印度－阿拉伯数字系统，以及乘法进位法等数学技巧引入欧洲的人。此外，他还是第一个研究"斐波那契数列"的欧洲人，所以这个数列就以他的名字命名。

相对于欧洲数学的停摆，印度和阿拉伯数学却在出现了几位数学天才之后，被带到一个不可思议的高度。这些数学在往后也随着战争和贸易被带到欧洲大陆，而这其中最重要的推手就是出生于意大利比萨的斐波那契。

斐波那契1175年出生在意大利中世纪时的商业重镇比萨，他的本名是比萨的李奥纳多，因为他父亲的外号是"波那契"（意思是"简单"），后来的人就叫他"斐波那契"（意思是"波那契的儿子"）。

斐波那契的父亲是一名商人，或许是因为经商的关系，斐波那契从小就对数字非常有兴趣。父亲也很开心有这么一位聪明、好学的儿子，特别请了来自中亚的穆斯林数学教师教斐波那契数学。欧洲教会从1096年开始，就发动了好几次十字军东征，攻打中亚的穆斯林，让基督教徒和穆斯林的关系非常紧张。不过，也因为十字军东征，打破了欧洲持续了500年的"黑暗时代"，开始与中亚及阿拉伯世界交流，这也促成了后来印刷术的传播。

斐波那契长大后，跟着父亲去埃及、希腊、西西里岛、叙利亚等地经商。这段时间，斐波那契学会了阿拉伯语和阿拉伯文，还研究了东方数学（主要是印度数学）。斐波那契在这段时间发现十进制的印度－阿拉伯数字比罗马数字更容易计算，因此到阿拉伯拜师学数学。在1200年，斐波那契学成归国，并在1202年发表了数学界的名著《计算之书》。

这本书不只让斐波那契流芳百世，对当时死寂的欧洲数学界来说，更像是打了一剂强心针一样。这本书不但向欧洲数学界介绍了印度－阿拉伯数字，更让

《计算之书》

《计算之书》为意大利数学家斐波那契在1202年所著，包括了基础数学计算、记账方法、汇率换算、重量计算等数学题目。其中还包括了有名的"斐波那契数列"问题。

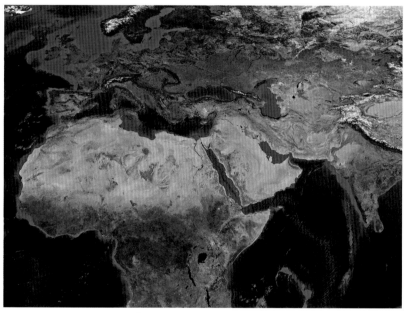

阿拉伯人通商地图

阿拉伯半岛位于欧、亚、非三洲的中间，得天独厚的地理位置让阿拉伯自古以来就在国际贸易中占有很重要的地位。在7世纪到13世纪之间，阿拉伯商人的贸易内容包含了中国的丝绸、瓷器，马来群岛的香料、矿物、染料，非洲的象牙、金沙，北欧的蜂蜜、木材等。在通商的过程中，阿拉伯商人还促进了文化及科学发展，印度的数学研究和中国的活字印刷都是由阿拉伯人带到欧洲的。

阿耶波多

阿耶波多（476—550）是印度著名的数学家和天文学家。他的研究被统收在《阿里亚哈塔历书》当中。阿耶波多在天文学上已能精准预测日食、月食，并且提出了"日心说"；在数学上，他除了算出精确度到小数点后5位的圆周率外，还算出了平方和与立方和的公式。

欧洲数学家看到几近"不可思议"的计算方法。书中介绍了中国的完全数、算术级数、平方和定理、立方和定理等，以及最为人所熟知的"斐波那契数列"。

其中，平方和定理与立方和定理就是5世纪时，印度天才数学家阿耶波多的杰作。阿耶波多是世界上最早研究"极大数"的数学家，这可能跟印度可无限延伸的"数轴系统"有关。今天，如果有一个人问你："你可以算出1到5的平方的总和吗？"你一定会马上回答他："当然可以。"因为这个问题非常简单，你只要把1到5的平方列出来，再把它们加起来即可，如下：

$$1^2 + 2^2 + 3^2 + 4^2 + 5^2 = 1 + 4 + 9 + 16 + 25 = 55$$

如果今天又有个人问你："你可以算出1到1000的平方的总和吗？"你也一定会回答说："我哪来这么多时间算这么多，要算你自己去算。"不过，在距今1500多年前，阿耶波多已经找出了一个简单的算法。在他23岁写下的《阿里亚哈塔历书》中，列出：

$$1^2 + 2^2 + \cdots\cdots + n^2 = \frac{n(n+1)(2n+1)}{6}$$

意思是说，无论要加到100、500，还是1000的平方数的总和，只要把右式的n用那个数字代入，就可以得到答案了。所以，这个问题的答案可以列为：

$$1^2 + 2^2 + \cdots\cdots + 1000^2 = \frac{1000(1000+1)(2000+1)}{6} = 333833500$$

从现代的观点看来，阿耶波多不只在数学中引入了代数，他还开创了"大数"研究的途径。当数学家研究大数时，因为要相乘或相加的数极大，不可能直

平方和与立方和公式

$$1^2+2^2+\cdots\cdots+n^2 = \frac{n(n+1)(2n+1)}{6}$$

$$1^3+2^3+\cdots\cdots+n^3 = (1+2+\cdots\cdots+n)^2$$

接计算出来。不过，阿波耶多把大数转变成代数，再将它"公式化"，就可以在忽略其中的细节的情况下计算出来。这种"公式化"的计算方法，在现今的计算机计算中非常重要，因为公式可以让计算机在更短的时间内运算出答案。

另外，阿耶波多也在同一本著作中列出了精准度达5位数的圆周率、日月食的形成原因，以及等差数列立方和的计算方法。

再回到斐波那契的《计算之书》，书中有一道看起来很普通、却对后世影响深远的数学问题，那就是斐波那契数列。

这个题目是这样的：

一个栅栏里养了一对兔子。一个月后，这对兔子长大了。再过一个月，这对兔子成熟了，而且会生出一对新的小兔子。假设这些兔子长大、成熟后就会一直生兔子，而且这些兔子都不会死掉。请问，一年后，这个栅栏里面有几对兔子呢？

我们可以按照题目所说，把一对兔子当作1，并且依序把它列出来：

1, 1, 2, 3, 5, 8, 13, 21, 34, 55, 89, 144, 233

阿耶波多卫星

阿耶波多卫星是印度发射的第一颗人造卫星，它在1975年4月19号发射，以印度数学家阿耶波多命名。阿耶波多卫星是一颗直径约1.4米的二十六面体，主要任务是测量宇宙射线，并进行航空学、太阳物理学等实验。

斐波那契数列

斐波那契在他所著的《计算之书》提出了一个有名的兔子繁殖问题。按照《计算之书》内文所说，假设本来有一对兔子，它们在一个月后成熟，再过一个月后可以生下另外一对小兔子。假设这些兔子都不会死，而且可以不断繁殖，请问一年后有多少对兔子？将这个题目画成图形，并列成一串数列，即可以得到1,1,2,3,5,8……，这就是有名的"斐波那契数列"。从数列中可以观察到，斐波那契数列从第三个数字开始，就是前两个数字之和。斐波那契数列可以用来描述许多事物的生长和生成情形，所以又被称为"生长数列"。

由此数列，我们可以知道，一年（12个月）后，栅栏里面一共有233只兔子。

这个数列乍看之下没什么，如果我们对它进行分析后，可以发现，从第三个数字开始，该数字的数值是前两项的总和，如：

2=1+1，3=1+2，5=2+3，8=3+5……

此外，如果我们用数列中的某一个数字去除以它前面的数字，则可以得到：

2÷1，3÷2，5÷3，8÷5，13÷8，21÷13，34÷21，55÷34……

= 2，1.5，1.67，1.6，1.625，1.615，1.619，1.618……

它的数值越来越接近1.618（实际趋近数值为无理数1.618339887……），数学家就称这个接近1.618的数为"黄金比例值"。

这个比值为什么这么重要呢？后来科学家发现，如

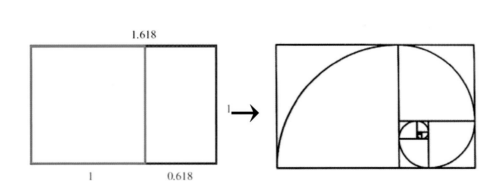

黄金比例到黄金螺旋

斐波那契数列中的某一个数字和前一个数字的比值，会随着数列的推移，越来越接近"1.618339……：1"这个比值，这个比值就称为"黄金比例值"。如果我们按照这个比例画成一个长方形，再以它的短边为边长，切掉一个正方形，则剩下的长方形的长宽比也是黄金比例。接着，如果我们把切掉的正方形的对角顶点用圆弧相连接，就会得到"黄金螺旋"。

果你把一个长宽比符合黄金比例长方形的短边为一边，再画一个正方形，则剩余的那一个小长方形也为黄金比例。如此重复下去，则可以得到越来越多小的、符合黄金比例的长方形。接着，再把每一个正方形对角顶点以圆弧的弧度相连，则会得到"黄金螺旋"。科学家发现这个"黄金螺旋"跟宇宙间许多事物的生长和形成曲线完全吻合，例如向日葵种子的螺旋曲线、鹦鹉螺的生长螺纹、宇宙星系的漩涡状螺旋等，都符合黄金螺旋。

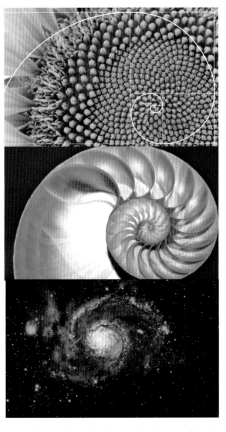

许多事物的生长结构都符合黄金螺旋，如向日葵种子、鹦鹉螺、星系漩涡等。

数学、会计和物理学家

斐波那契的《计算之书》不只在学术界深受好评，也获得当时神圣罗马帝国皇帝——腓特烈二世的喜爱，斐波那契好几次受邀前往皇宫，为皇帝和皇宫大臣讲授数学。斐波那契还再接再厉，为几何学写了专书，叫作《几何学实作》，讲述当时东西方各种几何学测量的方法，对数学的生活化有巨大的推广作用。

值得一提的是，斐波那契的第一本书——《计算之书》中，不只介绍纯数学的运算，还特地开了篇章，讲述货币的汇率计算，以及复利的计算方法。这对当时商业发达的意大利来说至关重要，也因此有许多数学家和商人特别研究这个章节，并进一步加以延展。

1494年，意大利人卢卡·帕西奥利出版了《算术、几何、比例总论》一书，除了讲述了各种计算方法、意大利各地的度量衡制度、代数学、几何学以外，最重要的是发明了"复式记账"的方法。所谓"复式记账"，就是将每一笔收入或支出都记载在两本以上的账簿里，一本可能是有关进出货品数量的账户，另一本可能是借贷金钱的账户，这样让商人在年度结算的时候，可以比对两本账户的金额，以保证不会出错。此外，这也是对商品进出的一种历史记录，可以帮助商人分析在不同时间点，货物进出量的增加和减少，好用来改善囤货和出货的时间点和数量。因为发明了这种沿用至今的"复式记账法"，后世的人称帕西奥利为"会计学之父"。

你一定会很好奇，为什么帕西奥利要写出一本含有数学计算和会计学的书？你一定会以为他是一个商人，或是商人聘请的数学家。

事实上，说他是商人聘请的数学家只对了一半，正确来说，他是被商人聘请来教小孩的"家庭教师"。15世纪时，意大利威尼斯由于水路和陆路贸易都很发达，又靠近中亚，商业非常繁荣。《威尼斯商人》是莎士比亚在15世纪末写成的喜剧，从中可以看出威尼斯当时商业有多繁荣。当时，威尼斯商人为了维护或推广自己在商业上的成果，都会聘请数学家来教自己的小孩算术，以及当时流行的几种会计方法。年轻又懂数学的帕西奥利就是在这样的情况下，被聘为家庭教师。对数学极有热情的帕西奥利不满足于只是教授简单的数学及会计知识，最终，他整理了几年以来的

卢卡·帕西奥利

帕西奥利（1445—1517）是意大利天主教修士和数学家。帕西奥利长期在意大利不同地方担任数学家庭教师，1494年，他整理自己多年的教学经验，出版了《算术、几何、比例总论》一书，很快就成为意大利各级学校使用的数学教科书。由于书中首创"复式记账法"，被认为是现代会计学的开端，所以帕西奥利被称为"会计学之父"。此外，帕西奥利还在1497年出版了《神圣的比例》一书，主要在介绍斐波那契数列和黄金比例在绘画技巧、人体构造和建筑中的应用。

教学经验，写成《算术、几何、比例总论》一书，希望能够让他的学生学习到更完整的数学知识和会计方法。

《算术、几何、比例总论》

《算术、几何、比例总论》是意大利数学家帕西奥利在1494年出版的数学教科书类书籍。由于当时许多商人会让小孩学习数学，所以帕西奥利除了在此书中介绍了基础计算和几何数学，还特别加入了商业记账、度量单位的转换等章节。

除了在商业上的应用，数学另一个最常见的应用就是在科学方面，而科学中最早应用数学的当属物理学了。

从阿基米德以后，科学家已经熟知杠杆原理，并把力学的计算应用到各种机械或建筑中。到了14世纪时，物理学的重心已经从静态的力学，转向动态的力学。科学家试图理清作用力和物体运动的速度、距离、时间之间的关系。这些研究也奠定了"科学之父"伽利略提出的"惯性原理"和"运动学"的基础。而在14世纪这波将数学应用到物理学的风潮中，法国出现了一位非常重要却不太有名的科学思想家，他的理论对伽利略以及提出"行星三大运动定律"的开普勒有很深的影响，他就是尼科尔·奥雷斯姆。

奥雷斯姆是一位天主教修士，后来还当上法国利雪教区的主教。他在科学上有许多超越时代的想法，堪称最早的"理论科学家"（指不做实验，只靠着数学运算和逻辑推衍得到科学性结论的科学家，如麦克斯韦、爱因斯坦）。例如，当时的人们普遍认为物体落下时，重量会随着落下的距离而增加，所以冲击力就会越来越大。不过，奥雷斯姆却提出了"冲量"的概念，认为物体冲击力越来越大，是因为它的速度增加了，而不是因为重量增加。后来，"冲量"这个概念，

伽利略·伽利雷

伽利略（1564—1642）是文艺复兴时代，欧洲最著名的科学家。他因支持哥白尼的"日心说"深入人心，因而开启了科学革命的大门。伽利略在天文学和物理学上都有很大的贡献，在天文学上发明了天文望远镜；在物理学上提出早期的"运动学"，奠定了"牛顿三大运动定律"的基础，被后世称为"现代科学之父"。

尼科尔·奥雷斯姆

奥雷斯姆（约1320—1382）是法国天主教修士、物理学家、数学家、天文学家，是近代科学的主要奠基者之一。在数学研究上，奥雷斯姆提出了收敛级数的概念，为后来的微积分奠定了基础，在物理学上，利用几何方法证明了等加速运动物体的"速度－时间图"中，直线下围起来的面积即为物体运行的距离。

也被纳入牛顿力学当中。

在数学上，奥雷斯姆首先证明了调和级数相加为无限大。所谓调和级数指的是1、2、3、4、5……每个数的倒数的相加，如下：

$$\frac{1}{1} + \frac{1}{2} + \frac{1}{3} + \frac{1}{4} + \frac{1}{5} + \frac{1}{6} + \cdots\cdots$$

这个连加的式子，每个数字都越来越小，所以一般人很容易就认为它们的总和应该是固定的一个数字。不过，奥雷斯姆却用一个巧妙的方式，证明了调和级数相加的总和并不是一个固定的数字，而是无限大。奥雷斯姆的证明如下：

$$\frac{1}{1} + \frac{1}{2} + \frac{1}{3} + \frac{1}{4} + \frac{1}{5} + \frac{1}{6} + \frac{1}{7} + \frac{1}{8} + \frac{1}{9} + \cdots\cdots$$
$$= 1 + \frac{1}{2} + \left(\frac{1}{3} + \frac{1}{4}\right) + \left(\frac{1}{5} + \frac{1}{6} + \frac{1}{7} + \frac{1}{8}\right) + \left(\frac{1}{9} + \cdots\cdots\right.$$
$$> 1 + \frac{1}{2} + \left(\frac{1}{4} + \frac{1}{4}\right) + \left(\frac{1}{8} + \frac{1}{8} + \frac{1}{8} + \frac{1}{8}\right) + \left(\frac{1}{16} + \cdots\cdots\right.$$
$$= 1 + \frac{1}{2} + \frac{1}{2} + \frac{1}{2} + \cdots\cdots = \infty \text{（无穷大）}$$

从奥雷斯姆的证明可以看出，后面每二项、四项……都会大于1/2，所以整个式子后面就等于无限多个1/2相加，因此答案为无穷大（符号：∞）。这个研究开启了后来对级数的研究。并不是每个级数相加都是无穷大，有些级数相加之后会等于一个定值，如等比级数。这些研究对后来微积分的形成和发展至关重要。等比级数相加为一个定值的例子如下：

$$1 + \frac{1}{2^1} + \frac{1}{2^2} + \frac{1}{2^3} + \frac{1}{2^4} + \frac{1}{2^5} + \cdots\cdots = 2$$

无穷等比级数相加公式

$$a + ar^1 + ar^2 + ar^3 + \cdots\cdots = \frac{a}{1-r}$$

a：第一项；r：固定的比值，此处 $r < 1$

例：　　$1 + 1 \times \left(\frac{1}{2}\right)^1 + 1 \times \left(\frac{1}{2}\right)^2 + 1 \times \left(\frac{1}{2}\right)^3 + \cdots\cdots$

$$= \frac{1}{1} + \frac{1}{2} + \frac{1}{4} + \frac{1}{8} + \cdots\cdots$$

$$= \frac{1}{1-\frac{1}{2}} = 2$$

此外，奥雷斯姆还将数学引入物理学中，他针对当时流行物体的移动速度和距离的问题，提出有名的 $v-t$ 图（速度－时间图），并在详细运算后，得到"等加速运动的物体移动的距离，等于 $v-t$ 图底下包围的面积"这样的结论。事实上，就算在不等加速度的物体上，一定时间内移动的距离也等于底下包围的面积，只是这个计算方法还得等到微积分问世之后才有办法得到证明。

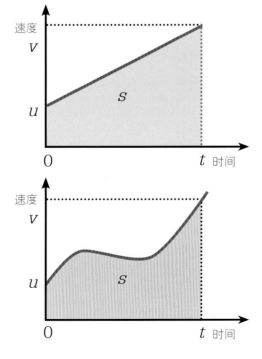

等加速运动距离

14 世纪时，法国理论科学家奥雷斯姆证明当物体在等加速的情况下，它的"速度－时间图"底下包围的面积，即为物体运动的距离。

变速度运动距离

变速度运动距离也等于"速度－时间图"底下包围的面积，只是它被证明得等到微积分问世之后。

科学革命下的数学
不只"我思故我在"

我跑故我在

我吃故我在

我玩故我在

笛卡儿的"我思故我在"被广泛用在我们的生活中。

勒内·笛卡儿

笛卡儿（1596—1650）是法国的哲学家、数学家和物理学家。他在哲学上最著名的贡献是提出二元论和理性主义，并且留下名言"我思故我在"。笛卡儿不但是哲学家，在数学上也有很大的贡献。他将代数和几何学结合，开创了"解析几何"这个新领域，被称为"解析几何之父"。

"我思故我在"堪称是科学史上传颂最广的一句名言。后来的人会将这句话用在任何地方，例如：餐厅门口可能摆着"我吃故我在"；旅行社宣传单上写着"我玩故我在"等。也许你知道这句话是出自鼎鼎大名的哲学家——笛卡儿之口，不过，你可能不知道，笛卡儿除了哲学家这个身份外，他还是历史上非常重要的数学家。

笛卡儿出生于 1596 年，略晚于科学之父——伽利略（1564 年）和天文学大家开普勒（1571 年）。当时，整个欧洲受到文艺复兴的启发，在许多方面都呈现出一种"变革"的气息。在科学方面尤其明显，伽利略和开普勒相继利用实验科学和观察，反驳了教会在科学上的谬误，例如错误的"地心说"、错误的自由落体概念等。笛卡儿就是在这样的环境下长大的。

笛卡儿的母亲在他一岁时就因为肺结核过世了，同时，小笛卡儿也受到感染，所以身体很不好。正因为这样，他每天早上都要在自己的房间里多待一阵子，避免被朝露和冷风袭击，于是养成了每天早上思考和写笔记的习惯。笛卡儿从小就对各种事物充满好奇，并且会提出自己的一番见解，散发着一种哲学家的气息，因此被当地的人称为"小哲学家"。而在众多的学科中，笛卡儿最爱的却是数学。

虽然，后来笛卡儿遵从父亲的意愿去读法律，并取得了学位，不过，他却始终利用自己的空闲时间研究数学。大学毕业之后，笛卡儿的工作很不稳定，他在法律事务所工作过，还曾经从军，若以现代的观点来看，他就是一位"不知道自己要做什么"的年轻人。不过，笛卡儿自己知道自己在做什么，他在自己的著作中说过，他的目的就是要寻求"世界这本大书"中的智慧。

在笛卡儿二十几岁时，由于教会在法国的势力非常庞大，他无法畅所欲言，更无法发表对宗教的看法，因此他卖掉父亲的资产，移居到荷兰。在那儿，他待了20多年，并且发表了《方法论》《第一哲学沉思集》和《哲学原理》，成为了当时欧洲最重要的哲学大师之一。

比萨斜塔上的自由落体实验

据说在 1590 年，意大利物理学家伽利略在意大利的比萨斜塔上做了"自由落体"实验。伽利略在斜塔上，同时将两颗不一样重的球体放下，让它们自由往下落。当时的科学家受古希腊哲学家亚里士多德的理论影响，都认为比较重的物体会先落地。不过，实验结果是两颗球同时落地，震撼了当时的科学界，也引发了一连串的科学变革。

笛卡儿的知名著作

笛卡儿在哲学上有许多开创性的著作，其中最有有名的分别是《方法论》（1637年出版）、《哲学原理》（1644年出版）和《第一哲学沉思集——论证上帝的存在和灵魂的不灭》（1641年出版，1647年增补后再度出版），照片中为由左到右。其中，《方法论》不只提到哲学理论，还提到许多科学思考或实验方法，对后来的科学家影响很大，"我思故我在"也是出自此书。

《几何》

《几何》是笛卡儿1637年出版的由多篇论文组成的几何学专书。笛卡儿在此书中提出笛卡儿坐标系的概念、光在不同情况下的投影等，并且介绍了不同图形在坐标上的方程式，如何转换等数学运算。《几何》是数学新领域——解析几何的开端，并促成了后来微积分的发明。

在客居荷兰的同时，笛卡儿还在1637年发表了《几何》一书，主要阐述了几何学和"几何坐标"变化等相关问题。在当时，欧洲的数学研究已经非常蓬勃，不过，当时的两大领域——几何和代数，可以说是完全不一样的研究领域。笛卡儿的这本《几何》提出了几何坐标的方法，成功地将两个不同领域的数学学科结合在一起，同时也开启了一门新的学科，叫作"解析几何"。

几何坐标又叫作笛卡儿坐标，简单来说就是将两条垂直的线命名为 X 轴和 Y 轴，并在轴上标示出单位刻度。

在这个坐标系上，你可以标出不同的点，用两个数字来代表它们。甚至，你可以把这两个点连在一起，变成一条线，用一个数学方程来代表它。而且，在几何坐标上不只能写出直线的方程式，也可以写出更复杂图形的方程式，如圆形、心形等。

因为几何坐标能够用方程式来表示几何图形，所以数学家可以单纯地计算某个代数问题的答案，也可以从几何坐标上来看到这个答案。

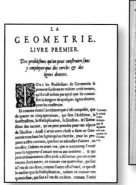

笛卡儿的《几何》刚出版时，全欧洲没几个人看得懂。不过，后来大家渐渐发现这是

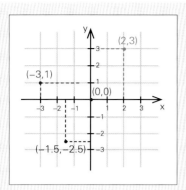

笛卡儿坐标系

笛卡儿坐标系就是用两条垂直的直线当 x 轴和 y 轴，并定义相交处为（0,0）。平面上的任何点都可以对应到 x 轴和 y 轴而得到自己的坐标，如：（−3,1）、（−1.5,−2.5）。

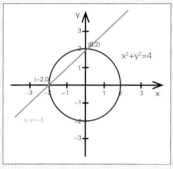

用笛卡儿坐标系解决数学问题

"假设有两个方程式，$x^2+y^2=4$ 和 $x-y=-2$，想要求它们的共同解，请问答案是多少。"在一般的情况下，这个问题的算法有点复杂。不过，只要把它们放在笛卡儿坐标系上画成图形，从图上就可以看到它们的解。这个问题的答案有两个，分别是（0,2）和（−2,0）。

一个非常好用的工具，因此各种注释的论文也纷纷出笼，这最终变成很普遍的一种数学技巧。这种结合代数和几何的研究方法，大大地拓展了数学家的思维，让数学家了解到：同一道数学题可以用几何方法，也可以用代数方法，或之后发明的其他数学技巧来解决。而这样革命性的思维，也进一步促成了后来微积分的发展。

到底是谁发明了微积分？

13 世纪初，斐波那契在欧洲种下数学的种子后，在科学革命的风潮下，数学的发展可谓一日千里。而到 17 世纪初期时，一项革命性的数学领域正蠢蠢欲动，那就是几乎改变人类工程学、经济学等各类科学的微积分。

微积分顾名思义就是微分和积分。

数学的故事

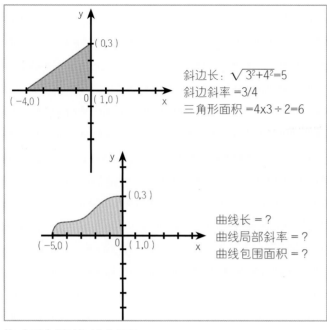

斜边长：$\sqrt{3^2+4^2}=5$
斜边斜率 =3/4
三角形面积 $=4\times3\div2=6$

曲线长 =？
曲线局部斜率 =？
曲线包围面积 =？

如何计算线的长度和所围区域面积？

在笛卡儿坐标系中，我们可以从数轴知道每一条直线的长度，并且经由毕达哥拉斯定理、三角形面积定理等数学公式，就可以算出上图中直角三角形的斜边长和面积（上图）。但是如果围绕的线不是直线，而是曲线，就无法算出曲线长度和所围区域的面积了（下图）。微积分就是被发明来解决下图问题的数学方法。

公元前 200 多年，意大利数学家阿基米德就用穷竭法，计算出图中抛物线和直线相交所围的面积（紫色区块）。阿基米德算出紫色区域为内接三角形面积（蓝色区域）的 4/3。

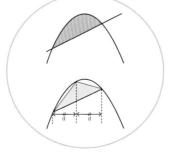

不过，微分和积分又是什么呢？

事实上，"微分"和"积分"虽然名字看起来很陌生，不过它们却是用来补足早期几何学中的不足的学科。由于笛卡儿在 16 世纪初就发明了"几何坐标"，所以我们就用几何坐标来讲解微分、积分和早期几何学的关系。

在几何坐标系中，我们可以任意画出一个几何图形，例如在左图中我们可以在 X 轴和 Y 轴之间，画出一个三角形。这时候，我们可以从三角形两边的长度知道第三边的斜率为 3/4，也可以用毕达哥拉斯定理算出第三边的长度为 5，还可以用三角形公式算出三角形的面积为 6。不过，如果今天在几何坐标上的不是一条直线，而是一条弯弯曲曲的曲线，那我们该如何知道曲线上某一个点的斜率呢？以及，该如何知道这个曲线和 X 轴及 Y 轴围出来的面积呢？

微分和积分就是用来回答这些问题的数学技巧。如果可以知道这条曲线在几何坐标上的方程式，我们就可以靠微分知道每个点的斜率，也可以靠积分知道这个曲线和 X 轴及 Y 轴围成的面积。

其实，类似的问题在阿基米德的时代就已经开始研究，例如阿基米德研究过，在一个抛物线中任意画一条线，这条线和抛物线围出来的面积是多少？不过，当时还没有微积分，因此阿基米德就用"穷竭法"算出了这个包含曲线的面积，为其中内接三角形的4/3。阿基米德的研究在当时是跨时代的，不过，如果用上今天的微积分技巧，就可以很容易得到这个结果。

说了这么多，你是否对微积分略有概念了呢？那么，你是不是很好奇，到底是谁发明了这么厉害、又改变了人类整个科技史的数学技巧呢？其实，这个问题的答案非常扑朔迷离，也是数学史上很有名的争议之一，因为有两个人都说他们才是微积分的发明者。他们是戈特弗里德·莱布尼茨和鼎鼎大名的艾萨克·牛顿。

莱布尼茨是德国人，他是历史上少见的通才。他的本业是律师，不过在数学、哲学、语言学、历史学上都留下许多重要的著作。此外，他还多次主导并设计德国的采矿工程，因此，他本身也是一名工程师。

这么一个略不世出的天才，在 1684 年发表了他的第一篇微分论文，并在 1686 年又发表了积分论文，并且发明了微分符号"dx""dy"，以及积分符号"∫"

艾萨克·牛顿

牛顿（1643—1727）是英国物理学家、数学家、天文学家和炼金术士。他在 1687 年发表了《原理》，阐述了牛顿三大运动定律以及万有引力定律，进一步推动了科学革命。除了在力学方面的研究，牛顿在光学方面也有很大的贡献，他先后用三棱镜将光分出七种颜色，提出"光的微粒说"，后来，又根据这个研究，改善了光学望远镜色散的现象，让望远镜的解析度变得更高。牛顿在数学上除了发明微积分外，还证明了二项式定理，研究了幂级数等。他和阿基米德以及高斯被认为是三个最伟大的数学家。

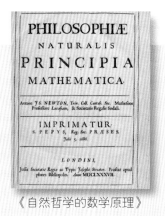

《自然哲学的数学原理》

这是牛顿在 1687 年出版的科学专著，简称《原理》，内容包括了牛顿三大运动定律、万有引力定律以及微积分的研究。《原理》利用极其严谨的数学运算，证明了开普勒的行星三大运动定律，进而引导了严谨化科学的研究方式，被认为是史上最伟大的科学著作之一。

戈特弗里德·莱布尼茨

莱布尼茨（1646—1716）是德国律师、数学家、哲学家、语言学家和工程师，他是历史上有名的通才，在许多领域都有突破性的贡献。莱布尼茨早期的本业是律师，常常往返于许多大城之间，因此他有许多想法和公式都是在马车上完成的。莱布尼茨最为世人所知的是他和牛顿各自独立发明了微积分。虽然在他的年代，人们普遍认为莱布尼茨的微积分是抄袭牛顿的，不过，后来还了他清白，确认他是独立发明出微积分的。

等。不过，莱布尼茨的研究并没有得到当时科学界多大的吹捧，或是说，他的研究很棒，不过，他却得罪了当时欧洲大陆最负盛名的大科学家——艾萨克·牛顿。

牛顿在当时已经是欧洲首屈一指的顶尖科学家，他在 1687 年发表了科学专著《自然哲学的数学原理》后，更是一跃成为全欧洲最有名的科学家。英国皇家学院出了这么一个科学大师后，极力推崇，并在同时大力抨击莱布尼茨的微积分，说他是抄袭牛顿的。

事实上，英国皇家学院对莱布尼茨的批评也并非偶然，牛顿在研究物理时曾经与莱布尼茨通信，在 1676 年的书信来往中，牛顿和莱布尼茨分别叙述了自己在微积分上的发现。不过，当时牛顿的微积分几乎已经成形，因此英国皇家学院就理直气壮地指控莱布尼茨抄袭。

这个争议在当时欧洲的科学界闹得沸沸汤汤，还一直延续到 18 世纪初，史上称之为"莱布尼茨 – 牛顿微积分之争"。1712 年，当时欧洲权力最大的科学研究中心——英国皇家科学院还特别成立一个调查委员会调查此事。在 1713 年，调查委员会宣布："牛顿才是微积分的第一个发明者。"自此，直到莱布尼茨在 1716 年过世，他都受到科学界的冷落和排挤。

牛顿和莱布尼茨研究和发表微积分的时间比较		
	研究和成形时间	发表时间
牛顿	1664—1666 年	1687 年
莱布尼茨	1672—1676 年	1684 年

可怜的莱布尼茨在过世前，起草了《微积分的历史和起源》，总结了自己独立创造出微积分学的思路。不过，这篇文章直到1846年才被发表，还了莱布尼茨清白。

$$\dot{x} = \frac{dx}{dt}$$

$$\ddot{x} = \frac{d^2x}{dt^2}$$

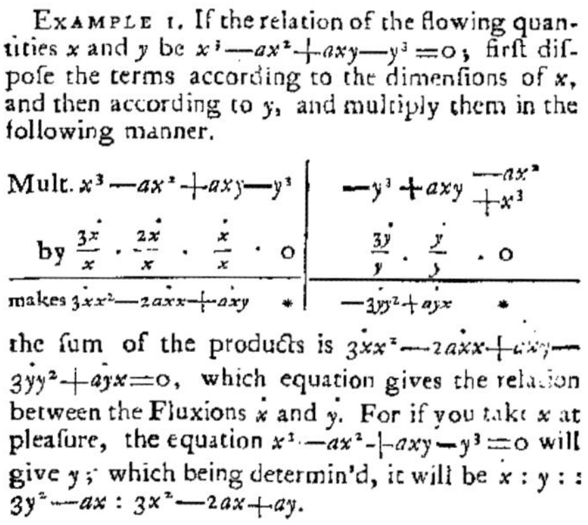

EXAMPLE 1. If the relation of the flowing quantities x and y be $x^3 - ax^2 + axy - y^3 = 0$, first dispose the terms according to the dimensions of x, and then according to y, and multiply them in the following manner.

Mult. $x^3 - ax^2 + axy - y^3$ | $-y^3 + axy \begin{matrix} -ax^2 \\ +x^3 \end{matrix}$

by $\frac{3\dot{x}}{x} \cdot \frac{2\dot{x}}{x} \cdot \frac{\dot{x}}{x} \cdot 0$ | $\frac{3\dot{y}}{y} \cdot \frac{\dot{y}}{y} \cdot 0$

makes $3\dot{x}x^2 - 2a\dot{x}x + a\dot{x}y$ * | $-3\dot{y}y^2 + a\dot{y}x$.

the sum of the products is $3\dot{x}x^2 - 2a\dot{x}x + a\dot{x}y - 3\dot{y}y^2 + a\dot{y}x = 0$, which equation gives the relation between the Fluxions $\dot{x}$ and $\dot{y}$. For if you take x at pleasure, the equation $x^3 - ax^2 + axy - y^3 = 0$ will give y; which being determin'd, it will be $\dot{x} : \dot{y} :: 3y^2 - ax : 3x^2 - 2ax + ay$.

值得一提的是，在微积分被发明出来之后，科学家觉得莱布尼茨的微积分系统不但符号简洁明了，而且易于计算，因此纷纷都用莱布尼茨系统的微积分。不过，英国科学家却仍坚持使用他们心中的神——牛顿的微积分（流数术）。这样造成微积分的计算非常复杂，也让英国的科学渐渐和欧洲的主流科学脱节，造成英国科学家实力下滑。直到1820年左右，英国科学家才终于忍不住了，开始使用莱布尼茨的微积分。现代科学界普遍认为微积分是莱布尼茨和牛顿分别独立研究出来的。

赌桌上的数学家

俗话说，十赌九输。意思是，如果沉迷于赌博只会让自己不断输钱，甚至欠一屁股债，是一句劝大家不要赌博的话。不过，在文艺复兴时代，却有一名叫卡尔达诺的医生，一辈子都在赌博，长达40年之久。卡尔达诺不但赌技高超，他的亲友在他死后帮他出了一本叫作《论赌博游戏》的小册子，被认为已经具有现代"概率论"的影子。

牛顿的流数符号和莱布尼茨的微积分符号

牛顿发明的微积分称为"流数"，图中等号的左边为流数符号，右边为莱布尼茨的微积分符号。莱布尼茨的微积分符号既可以表示微分，又可以直接并入公式运算，而且不容易搞混，是现今通用的微积分符号。右图为牛顿所著《原理》中的流数运算，由于印刷不够精细，流数里的点符号很容易和印得不好的油墨搞混。

卡尔达诺

卡尔达诺（1501—1576）是文艺复兴时代，意大利著名的医师、数学家和物理学家。他在1526年获得医学博士学位，随后，很快就成为享誉欧洲的名医，并当过英国国王爱德华六世的御医。他在数学上的成就更让他留名后世，他是第一个发表三次方程式的解法的数学家，因此三次方程式的解法又称"卡尔达诺公式"。此外，他的亲友在他死后帮他发表了《论赌博游戏》，被认为是有关概率论最早的著作。

布莱兹·帕斯卡

帕斯卡（1623—1662）是法国神学家和数学家。他在数学上最大的贡献是对二项式系数的研究，并提出"帕斯卡三角"。此外，他和费马的通信，也奠定了概率论早期研究的基础。

自古以来就有赌博，其中骰子是最古老且通用的赌博工具。

什么是"概率"呢？例如我们掷硬币，有1/2的机会是正面；玩扑克牌时，拿到同一数字的四种花色的机会是0.0240096%。"概率论"（数学的一个分支）最早也是从赌博中产生的。不过，现代的概率不只用在赌博，还用在金融市场的风险评估、保险公司的保费计算等方面。卡尔达诺的有关概率论的著作虽然只留下一些断编残简，不过，其中提到的一个问题，却吸引着赌徒和数学家去解决它。这个问题是这样的：

今天有甲、乙双方赌博掷骰子。他们先各拿40枚金币出来当赌金，然后轮流掷一颗骰子，并说好谁先掷到3次六点，谁就可以拿走全部80枚金币。不过，当完成了几回合后，甲方已经掷到了1次六点，乙方还没掷到，这个时候却因为警察到附近巡逻，这场赌局被迫终止。请问，甲、乙双方该如何分配赌金？

最早，有数学家提出由于甲方只需要再掷2次即可以赢得全部赌金，不过，乙方却需要再掷3次才能赢，所以赌金应该以反过来以3：2的方式分配。也就是甲拿到48枚金币，乙方得到32枚金币。

不过，同样热爱赌博游戏的两位数学家皮埃尔·德·费马和布莱兹·帕斯卡却在 1654 年的通信中，利用各自不同的方法得到了和上述不一样的结论。他们的结论是 11 ：5，也就是甲方应该得到 55 枚金币，乙方应得到 25 枚。书信中的推论方法堪称是现代概率论的雏形。后来，另一位出身贵族却不太赌博的科学家——克里斯蒂安·惠更斯也在费马的影响下爱上赌博游戏，并在 1657 年发表了《论赌博中的计算》，书中不但提到"期望值"的概念，还将原本的赌博游戏从公理出发，并往下推导出诸多概率定理，被认为是现代"概率论"的开端。

克里斯蒂安·惠更斯

惠更斯（1629—1695）是法国物理学家、天文学家和数学家。惠更斯在科学研究上成果丰富，他除了发现猎户座大星云和土星光环外，还提出"光的波动说"，此外，还利用伽利略提出的"钟摆定理"制造出摆钟。在数学方面，他在 1657 年出版了《论赌博中的计算》，提出概率的计算方法，被认为是现代概率论的开端。

皮埃尔·德·费马

费马（1601—1665）的本业是律师，却很热爱数学，他在数学上的成就比很多数学家都要大，因此被称为"业余数学家之王"。费马在数学上最大的成就是建构了概率论的基础，以及提出许多数论的定理，其中最有名的是"费马大定理"，在 1995 年由英国数学家安德鲁·怀尔斯证明后，才从猜想变成定理。

保险公司会根据国家发布的人民交通意外概率、罹癌概率等，设计各种保单，用来帮助消费者分担重大意外时的损失。

开始变形的数学

18 世纪数学之王

哦，
原来这也是数学！

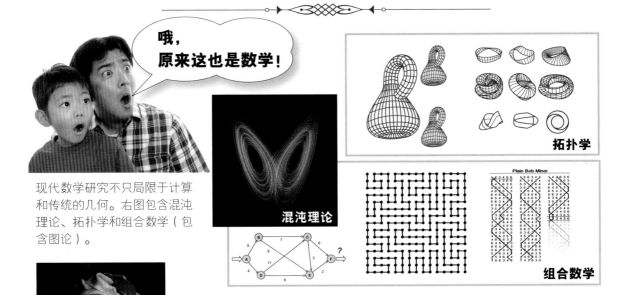

拓扑学

混沌理论

组合数学

现代数学研究不只局限于计算和传统的几何。右图包含混沌理论、拓扑学和组合数学（包含图论）。

莱昂哈德·欧拉

欧拉（1707—1783）是瑞士著名的数学家，是近代数学的先驱之一。欧拉是 18 世纪最有名的数学家，研究领域遍及几何、代数、微积分、数论以及物理学应用。欧拉一生数学研究和著作丰富，18 世纪许多数学研究成果都出自欧拉，或是其他数学家和欧拉通信所得。欧拉最著名的数学贡献包括定义了函数、引进自然对数、开创图论和对拓扑学的研究。

解析几何和微积分发明之后，数学领域呈现出一片欣欣向荣的景象。许多数学家开始从解析几何坐标系出发，研究同一个数学方程式在不同坐标系下的变化公式；也有许多数学家针对微积分做了很多研究，包括更快速的微积分解题方法，以及从微积分定理中引导出来的理论。此外，在帕斯卡、费马以及惠更斯的努力下，概率论也逐步成形。简单来说，18 世纪之后的数学家的思想更开放，他们不拘泥于只用几何或代数去解决特定的题目，而是将同一道题目放到几何学、代数、微积分、组合数学（概率论的一支）上，用不同的方法去解决。在这样的风潮之下，"数学"也开始变得和我们传统认知的不一样，而让人有种"哦，原来这也是数学"的感觉。

18 世纪的数学家中，最有名的莫过于瑞士的莱昂哈德·欧拉。他的一生创作丰富，平均每年发表学术论文约 800 页，而且又乐于和其他数学家通信，分享他发现的成果，可以说这个时代的数学不是欧拉发明的，就是与欧拉有关的。

欧拉 1707 年出生于瑞士巴塞尔的牧师家庭，他的父亲很喜欢数学，总会跟他说一些数学的故事，所以欧拉从小就对数学充满兴趣。欧拉从小就显示出对数学的天分，13 岁时就考上了巴塞尔大学的数学系。虽然父亲很希望欧拉能够继承他的衣钵去读神学系，不过，在当时欧洲首屈一指的物理学和数学家约翰·伯努利的支持下，欧拉的父亲还是让欧拉去读他最爱的数学了。欧拉也不负众望，在 19 岁时获得物理兼数学博士学位，并在 24 岁时获得俄国的教授职位。值得一提的是，欧拉获得教授职位时学术成就很多，其中最重要的是他发现并定义了自然对数里的常数 e，也因此 e 也被称为"欧拉数"。

欧拉在数学上的贡献非常全面，例如几何、代数、微积分、数论（讨论整数间的关系）等领域都有他的影子。在几何学方面，欧拉证明了"欧拉定理"，也就是任意三角形中的垂心、外心和重心会在同一条直

约翰·伯努利

伯努利（1667—1748）是瑞士著名的数学家。他是著名的科学家族——伯努利家族中的一员，著名数学家雅各·伯努利是他的哥哥，提出流体力学伯努利定律的丹尼尔·伯努利是他的儿子。约翰·伯努利在数学上最大的贡献是在微积分上的研究，微积分中常用的"洛必达定理"就是他的研究成果。另外，著名的数学大师欧拉是他的学生。

欧拉线

著名的数学家欧拉证明三角形的垂心、外心和重心会在同一条直线上，所以这条连接三角形三心的直线就叫作"欧拉线"。右图为三角形的三心的画法以及欧拉线。

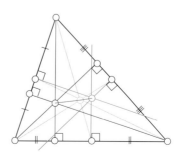

蓝线交点：垂心
黄线交点：重心
绿线交点：外心
红线：欧拉线

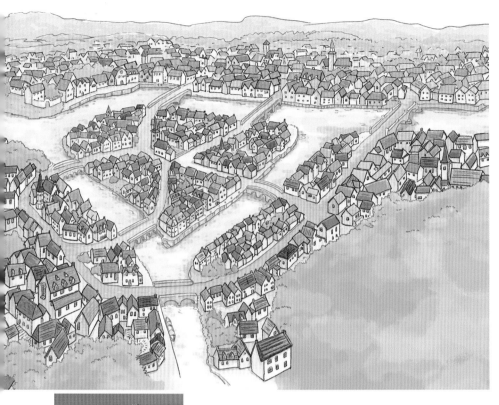

线上，因此这条直线也被称为"欧拉线"。在数论问题方面，欧拉解决了从1644年以来一直无法被解决的"巴塞尔问题"。后来，他不但解决了这个问题，还得到了以下的公式：

哥尼斯堡的七桥图

哥尼斯堡是现今俄罗斯加里宁格勒州的首府，自古以来就是文人荟萃的地方。哥尼斯堡的市中被普雷格尔河穿过，用七座桥连接两岸。知名数学家欧拉在这儿提出了有名的"哥尼斯堡七桥问题"。上图为哥尼斯堡七桥中的一座桥，桥连接的两岸都是高级住宅区。

$$\frac{1}{1^2} + \frac{1}{2^2} + \frac{1}{3^2} + \frac{1}{4^2} + \cdots = \frac{\pi}{6^2}$$

这个公式中最不可思议的就是，原本看似只由整数平方构成的连加数字串，最后居然出现了圆周率 π（3.1415926……）。

欧拉在数学上的贡献真的是讲三天三夜也讲不完，不过，在众多贡献中，最特别的是欧拉创造出了"图论"这个新的数学领域。

1735年，欧拉在当时东普鲁士的哥尼斯堡的普雷格尔河河畔散步，看到河道中有两个小岛（一个小岛和一个半岛）。欧拉发现这两个小岛分别由七座桥连接彼此以及两岸。于是，他就问了自己一个问题：

我有没有办法在不重复走的情况下，走过全部的七座桥呢？

这个问题就是有名的"哥尼斯堡七桥问题"。或许你会觉得，一个大数学怎么会想这么"无聊"的问题。不过，这个问题其实一点也不无聊，而且每个人都可以拿出纸笔来试一试（你不妨也看着下面的图片想想看），这个问题在当时也考倒了一大批数学家。

在欧拉刚提出这个问题时，他也无法解决。后来，经过将近一年的努力，他在 1736 年发表的论文《哥尼斯堡的七桥》使用了一个大胆的手法，证明了这个问题的答案是无解，也就是不存在不重复却又可以走完七座桥的方法。欧拉巧妙的证明如下：

1. 先用简单的图形按照题目画出来（图 1）。

2. 把河中的两个岛不断缩小，直到变成两个点（图 2）。

3. 将两岸也各缩小成一个点（图 3）。

4. 原来的问题可以被简化成：是否有一笔画出这个图形，笔迹却又不重复的方法？

不知道看到这个方法后，你有什么想法呢？

当时的数学家看到这个解决方案之后，简直惊讶

哥尼斯堡七桥问题和图论

数学家欧拉提出有名的"哥尼斯堡七桥问题"，问题是存不存在一种可以不重复地走过七座桥的方法。为了解决这个问题，欧拉先将七桥的地理位置简化成图 1，接着，他进一步将两座岛都缩小成一个点，再将两岸也缩小成一点。最后，原来的题目就可以被简化成：是否有一笔画出图 3 这个图形的方法。欧拉这项大胆的解题方式，开启了后世图论的研究。

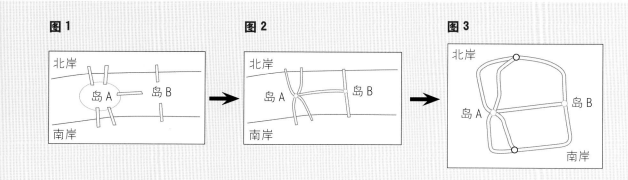

现今网络四通八达，每个网络节点都要和许多其他的节点做连接。此外，在"物联网"科技的需求及带动下，如何寻求最快、最有效率的网络联络方式，已经成为一门非常重要的研究课题。数学中的图论在这类研究中占了非常重要的角色。

到说不出话来。因为它不只没用到任何数字、代数，也跟传统的几何解法完全不同。不过，待这些数学家静下心来想这个问题，他们发现欧拉的这个方法，可以把原本很复杂的题目简化，而且又不失原本问题的意思。经过了后世数学家的努力，这类的问题逐渐变成数学的新分支——图论。

这类理论在现代网络的时代越来越重要，因为电脑科学家必须能够计算出在特定地点的网络流量和网络资源分配等问题。

另外，值得一提的是，风靡于日本，在我国也有许多爱好者的"数独"也是欧拉发明的。当时，欧拉从拉丁方阵中得到灵感，进一步将拉丁方阵扩大为 9×9 的方格，并填上 1 ~ 9 的数字，这就是我们熟知的数独。

哥德巴赫猜想

前面已经提过，18 世纪有许多数学理论都是欧拉提出的，或是数学家在与欧拉通信过程中想出来的。历史上著名的"哥德巴赫猜想"也是在这样的背景下

彼得大帝

彼得大帝（1672—1725）即彼得一世，是俄国的沙皇。他在位期间力行西化改革，让俄国在政治、经济和军事等方面都大幅度进步，为富国强兵打下重要的基础，是俄国历史中少数被称为大帝的君王。

数独

数独是一种数字填空游戏，是 18 世纪的数学家欧拉发明的。数独会先提供给解题者一些已经知道的数字，解题者要让每一行及每一列中都含有 1 ~ 9 的数字，不能重复也不能缺少，才算解题成功。右图为 19 世纪末时，一家法国报纸提供的数独题目，因为受欢迎的数独能提高该家报社的发行量。右下图为一个现代的数独题目（答案见第 61 页）。

诞生的，当然，这个猜想中最重要的两个人就是猜想的提出者——克里斯蒂安·哥德巴赫以及莱昂哈德·欧拉。

18 世纪初，俄国著名的明君彼得大帝即位后，进行了一连串的改革。除了在政治方面的改革，俄国还在这段期间引进了大批的科学家。著名的数学家欧拉以及另一位当时不太有名的数学家哥德巴赫就在其列。

1742 年，同为彼德堡科学院院士的哥德巴赫写信给欧拉，分享了自己的一个猜想，希望欧拉能够提供一点证明的想法。在数学上，所谓的"猜想"指的是数学家想到一个数学定理，却还无法证明它，不过又找不到反驳它的例子时，就会暂时以"猜想"称之。历史上有许多有名的猜想，如哥德巴赫猜想、黎曼猜想、费马大定理（已于 1995 被证明为正确）。哥德巴赫写给欧拉的猜想是这样的：

克里斯蒂安·哥德巴赫

哥德巴赫（1690—1764）是德国数学家，1725 年来到俄国，成为彼得二世的教师。在数学上，他最知名的事迹是提出了"哥德巴赫猜想"。

任何大于 2 的整数都可以分解成 3 个质数相加的和。即：

大于 2 的整数 ＝ 质数 ＋ 质数 ＋ 质数

（注：当时人们认为 1 也是质数，所以这里说的质数包含 1 和其他质数。）

欧拉马上被这个简单却又有力的猜想吸引了。他先跟着哥德巴赫的书信分解 4、5、6，接着再算一下其他数字，发现的的确确都符合哥德巴赫的猜想。下面，我们以 6、7、13 为例来验证哥德巴赫猜想。

$$6 = 1 + 2 + 3$$
$$7 = 2 + 2 + 3$$
$$13 = 3 + 5 + 5 = 3 + 3 + 7$$

哥德巴赫手稿

照片中为德国数学家哥德巴赫在 1742 年 6 月 7 日寄给欧拉的书信，信中提出了有名的"哥德巴赫猜想"。在书信中可以看到哥德巴赫为自己的猜想举的几个例子。

现代数学的证明方式

现代数学的架构庞大，想要证明一个新的数学问题，已经无法独自证明。大多得采用前人的研究结果，再进一步研究才能证明出来。

哥德巴赫彗星

越大的偶数有越多种哥德巴赫分解法，如果将每个偶数对应到的分解法用点标示出来，则可以得到如下图形。由于这个图形看起来很像一个彗星，所以被称为哥德巴赫彗星。

接着，欧拉又用他的分析技巧将原来哥德巴赫的叙述改成：

任意大于 2 的偶数，都可以表示成两个质数的和。（欧拉利用数学技巧证明这个叙述和原来的叙述的涵义是一样的）这也就是我们现今常听到的哥德巴赫猜想。下面，我们也举几个数字来验证：

$$12 = 5 + 7$$

$$20 = 1 + 19 = 3 + 17 = 7 + 13$$

$$26 = 3 + 23 = 7 + 19 = 13 + 13$$

事实上，就算到了现代，借助超级电脑来验证，这个猜想还是对的。截至 2014 年，超级电脑已经运算到 4×10^{18}，都仍符合这个猜想。不过，虽然这个猜想看起来很容易，但是从欧拉和哥德巴赫的时代到今天，都没有数学家能够证明它。挑战过它的不乏历史上的大数学家，包括欧拉、高斯、黎曼、狄利克雷等。

不过，虽然这么多数学家都以失败告终，但他们的努力却没有白费。截至目前为止，证明哥德巴赫猜想的论文已经不计其数，而这过程中还衍生出了许多数学技巧和理论，可以说对哥德巴赫猜想的证明已经从单打独斗，变成了团队合作。

哥德巴赫猜想的证明到后来还演变出一种特殊分析法，这种分析法是

质数

质数是大于 1 的整数中（从 2 开始），因数只有 1 和本身的数。19 世纪以前，有些数学家会把 1 当成质数，不过到了 20 世纪初以后，数学家普遍都不再把 1 当成质数。

从"哥德巴赫彗星"开始的。当我们在对偶数进行哥德巴赫分解时，会发现越大的偶数有越多的分解法，如 20 和 26 都各有 3 种分解方法。后来，数学家将每个偶数拥有的分解方法数量做成表格，除了发现越大数字有越多的分解方法之外，还发现它们的分布有特定的趋势。而且，这个图形的一端是个尖端，尾巴像扫把一样散开来，非常像一颗彗星，因此被称为"哥德巴赫彗星"。

无穷小量和第二次数学危机

数学在 18 世纪的欧洲可谓百家争鸣，出现了许多

什么是哥德巴赫猜想中的 9+9、1+2、1+1？

关于哥德巴赫猜想的证明从欧拉的时代（18 世纪），到现代都未曾停过。其中，有一次巨大的突破发生在 1920 年。当时，挪威数学家维果·布朗统整了之前数学家的证明方式，发明出了一种新的证明法，这种证明法也是现代证明哥德巴赫猜想的主流。这种证明方法先将哥德巴赫猜想中两个相加的质数，想成两个由多个质数相乘的数相加，等到这些相乘的质数越来越少，少到只剩一个时，就证明了哥德巴赫猜想。

任意大于 2 的偶数 ＝ 质数 ＋ 质数

证明方法：任意大于 2 的偶数 ＝

$$\underbrace{质数1 \times 质数2 \times \cdots\cdots \times 质数n}_{n\ 个} + \underbrace{质数1' \times 质数2' \times \cdots\cdots \times 质数n'}_{n'\ 个}$$

布朗在 1920 年证明了 9+9，也就是任意大于 2 的偶数可以分解成 9 个质数的乘积 +9 个质数的乘积；1932 年，德国的拉特马赫证明了 7+7；1965 年，中国的王元证明了 1+4；1973 年，中国的陈景润证明了 1+2。截至目前，陈景润的证明是最接近证明哥德巴赫猜想的证明。接下来，只要有数学家可以证明出 1+1 即可得到哥德巴赫猜想的证明。

陈景润

陈景润是中国著名的数学家，最著名的成就是证明出哥德巴赫猜想中的 1+2，这个证明方法也被称为"陈氏定理"。

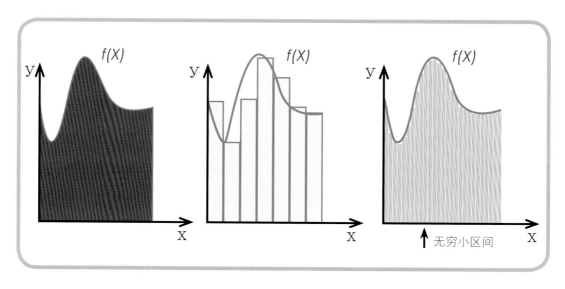

无穷小区间

微积分切割

微积分的基本原理就是把图形切割成无穷小的区间，再把这个区间内的面积加总起来。因为切割得越小，切割后的图形会越接近原来的图形。不过，早期的数学家并没有严格定义"无穷小"这个概念，虽然可以进行数学运算，不过仍饱受各界批评。

新的数学研究领域，如微积分、数论、图论等，而在这些领域中最受关注、应用最广的，就是"微积分"。

科学大师艾萨克·牛顿除了发明了微积分，还用微积分先后建立了"牛顿三大运动定律"和"万有引力定律"，让同时代及后代的科学家看到微积分的妙用。随后，跟着牛顿的步伐，微积分在 18 世纪就被应用到数学、工程学、物理学等学科。这些科学家惊讶地发现，微积分真的非常好用，它不但可以轻易地求出一个曲线中围绕着的面积，还可以用来解数学问题。当时科学家对微积分的热爱，简直到了痴迷的程度。不过，在这个微积分风潮之外，数学家和科学家却忽略了一个很重要的问题，那就是无穷小量。

微积分之所以这么神通广大，就是因为它把整个曲线或曲线面积切割成一个一个小到不能再小的片段，被称为"无穷小量"，经过对这些小片段的运算之后，再加起来，就可得到问题的答案。不过，在早期微积分中有一个很不合理的地方，那就是当它在计算时，会把无穷小量当作一个很小，但不是 0 的数字，所以可以除以无穷小量（无法除以 0，因为会得到无法运算的结果）；不过，当数学家或科学家用微积分的技巧计算完之后，常常会得到答案中的部分加或乘无穷小量的结果，但科学家这时候又会说，无穷小量就是 0，所以可以忽略不算，因此就开心地得到想要的结果。

这个矛盾的计算过程饱受当时严谨的数学家、科学家和宗教人士批评，在数学史上称为"第二次数学危机"。这个问题困扰了科学家将近一个世纪，直到 19 世纪上半叶，法国数学家柯西发明数学的新分支——分析数学，才解决了这个问题。

奥古斯丁·路易·柯西

柯西（1789—1857）是法国极负盛名的数学家。他除了发展出了"分析数学"，帮微积分做了更严谨的定义外，还创立了"复变函数论"。这些理论在近代热力学、电磁学中扮演了很重要的角色。

850
——————
无穷小量

这不是 0，所以可以算。

= 34 + 6 × 无穷小量

这个就是 0，所以可以忽略不计。

56 页数独答案

2	1	9	5	4	3	6	7	8
5	4	3	8	7	6	9	1	2
8	7	6	2	1	9	3	4	5
4	3	2	7	6	5	8	9	1
7	6	5	1	9	8	2	3	4
1	9	8	4	3	2	5	6	7
3	2	1	6	5	4	7	8	9
6	5	4	9	8	7	1	2	3
9	8	7	3	2	1	4	5	6

早期数学家对无穷小量的态度模棱两可，有时候说它不是 0，有时候又说它是 0，这在力求严谨的数学界中是一大漏洞。

越来越抽象的数学
不可思议的数学王子

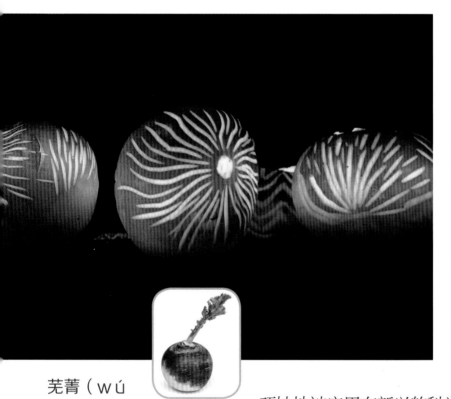

芜菁（wú jīng）灯

芜菁块根的部分呈球状，可以食用，富含维生素 A、叶酸、维生素 C 等。古代的欧洲人会将芜菁中间掏空，在里面放入燃油和灯芯，点燃后可以供照明使用。芜菁灯和从爱尔兰流行起来的南瓜灯非常类似，只是用的植物不同。

俗话说："数学为科学之母。"意思就是说，没有数学就无法产生其他科学。不过，这句话从 19 世纪之后，也可以理解成：数学往往走在其他科学的前面，许多在当时看似"无用"的数学，在几十年后，甚至一两百年后，却巧妙地被应用在新兴的科学研究上。19 世纪时，数学在几位堪称大师级的数学家的努力之下，变得越来越抽象，不过，在几年过后，这些抽象数学纷纷被实际应用到科学里。引领这一波"抽象化数学"最重要的大师，是在 18 世纪末诞生，有"数学王子"之称的——卡尔·弗里德里希·高斯。

高斯在数学和科学上的贡献真的是数也数不清，如果你问一个大学的数学教授最欣赏的数学家是谁，高斯肯定名列前茅。整体来说，高斯在数学上的贡献主要在几何学、数论、统计学和数学分析几个方面，另外在物理学、天文学和大地测量学也都可以看到高斯的影子。

你一定会很好奇：几何学不是既古老又具体的数学学科吗？为什么说高斯将它"抽象化"，而且又说他开创了新局面呢？

这个问题，就要从高斯小时候开始说起。

高斯出生在一个很普通的工匠家庭，他的父亲曾经做过商人。据传高斯小时候就对数字非常敏感，在他3岁时，就能指出父亲账目中的错误。聪明的高斯虽然没有很好的教育环境，不过他从小就很爱看书，还会将芜菁这种植物的中心掏空，放入燃油和灯芯，在夜晚点亮，用来看书。

高斯在12岁时就自修读完《几何原本》，并在16岁时预测将来必定会出现一种和欧几里得几何学完全不一样的几何学，也就是"非欧几何学"（在下一节中会提到）。此外，最令人叹为观止的事情来了。从古希腊时代以来，数学家就懂得用直尺和圆规画出正三边形、正四边形、正十五边形等，却没人可以画出正七边形、正十一边形、正十七边形。高斯在小时候就开始研究这个问题，并在19岁时，画出了正十七边形，解决了这个长达2000年的数学谜题。此外，高斯还在同一时间提出了一个很不可思议的理论，他认为尺规作图无法画出每种正多边形，而且这些可以画出来的正多边形的边数还有一定的数学规律，高斯称它为"可作图多边形理论"，并且将它写在他的著作《算术研究》里。

卡尔·弗里德里希·高斯

高斯（1777—1855）是德国著名数学家、物理学家、天文学家、大地测量学家。由于高斯在数学的许多方面都有巨大的贡献，因此被后世称为"数学王子"。高斯在数学上的主要成就包括证明数论中的"二次互反律"，这是近代数论中非常重要的基石，还发展出"非欧几何学"的雏形。在统计学上，他提出常态分布曲线，以及最小平方法。高斯和阿基米德、牛顿被称为历史上最伟大的三个数学家。

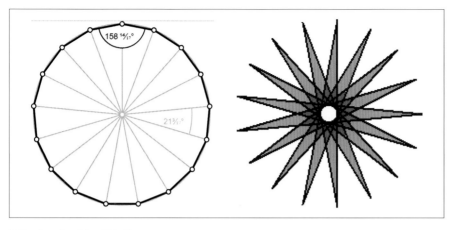

高斯很看重这项研究成果，并希望在他死后工匠可以把正十七边形刻在他的墓碑上。不过，聪明的工匠小小地更改了高斯的遗嘱。因为工匠觉得正十七边形从远处看来，实在太像一个圆形了，怕大家误解，而忽略了这项不可思议的研究。于是，他就将高斯的正十七边形往外延伸出十七个三角形，变成十七芒星。

正十七边形和十七芒星

几何学刚开始发展时，数学家就开始利用直尺和圆规画出几何图形，简称"尺规作图"。从几何学之父欧几里得以来，数学家就会用标尺作图画出正三边形、正四边形、正五边形、正十五边形等，不过，却始终无法画出正十七边形。这个问题直到19世纪初时，才由大数学家高斯破解。高斯本人也很看重这个突破，希望后人将正十七边形刻在他的墓碑上。不过，帮高斯制作墓碑的雕刻师傅因为觉得正十七边远远看来实在太像一个圆形了，因此就将正十七边形各边延伸，画出十七芒星，刻在高斯的墓碑上。

除了几何学，高斯还特别钟爱数论的研究。数论就是一门研究"整数"之间的关系的数学，前面提过的哥德巴赫猜想就属于数论的范围。高斯在数论方面提出并证明了许多定理，他还说过："数学是科学的皇后，数论是数学的皇后。"从中可以看出高斯多么重视数论。虽然"数论"在18、19世纪看起来好像只是一些数学游戏（很复杂的数学游戏），但是，在计算机科学越来越重要且普遍的现代，数论越来越重要。这是因为计算机的运算法是分散的，就像数论的运算一样。此外，数论还被应用在密码学，如网络加密、信用卡加密等。

可作图多边形理论

可以用尺规作图的正多边形边数：3, 4, 5, 6, 8, 10, 12, 15, 16, 17, 20……
无法用尺规作图的正多边形边数：7, 9, 11, 13, 14, 18, 19, 21, 22, 23, 25……

除了数学研究以外，高斯还曾受聘并从事天文学观测和大地测量等工作。在他从事天文观测时，他发现火星和木星的绕行轨道稍微偏离了理论值，于是预测在火星和木星之间必定还有一颗行星。后来，他发明了现代"统计数学"中常用的"最小平方法"，预测出了这颗还没被发现的小行星。后来，这颗小行星也果然如高斯所预测的被观察到，并被取名为"谷神星"。

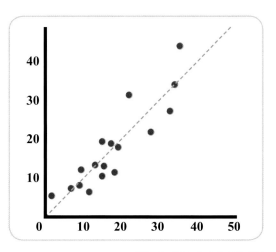

"统计数学"就是用来分析各种事物或现象出现的概率，并加以统整、计算，以及预测的科学。在统计数学领域，除了最小平方法，高斯还提出"常态分布"的概念，也就是事物或现象出现的概率常常像这个曲线图描述的一样，因此，这个分布也叫作"高斯分布"。现代数学家称这种分布构成的曲线为"钟形

最小平方法回归分析

统计学有一类主题叫作"回归分析"，也就是利用数学方法将原本散乱的点统整起来，利用有规律的方程式来描述它。最小平方法是19世纪数学家高斯发明出来的回归分析方法，它可以在一群散乱的点中画出一条最符合用来描述这些点的趋势的直线。高斯的发明也开启了后来回归分析的研究。

谷神星

谷神星是太阳系中的一颗小行星，它的轨道在火星和木星之间。从照片中可以看出谷神星非常小。不过，尽管它这么小，却已经足以使火星和木星偏移出原来预测的轨迹。19世纪时，数学家高斯利用火星和木星偏移的轨迹预测出了谷神星的轨道。后来的天文学家也根据高斯的预测找到了谷神星。

地球

谷神星　　　　月球

常态分布

常态分布是 19 世纪数学家高斯提出的一种统计学模型，用来描述具有连续数值的对象，例如成年男性的身高。由于常态分布的图形很像一个大钟，因此又名"钟形曲线"。从成年男性身高的常态分布图可以看出，68.26％成年男性的身高都分布在 165～179 厘米之间，过高或过矮的人都很少。

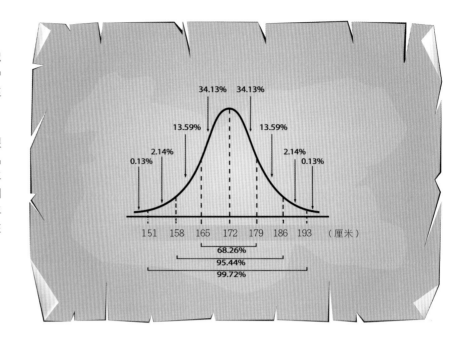

曲线"。

由于对数学应用的热爱，高斯晚年大多转向大地测量和物理学的研究。他和物理学家威廉·韦伯共同建构了人类历史上第一台电报机（只从韦伯的实验室通到高斯的天文台），还在 1840 年，绘制了世界上第一张地球的磁场图。后来，磁场图里标示的磁极，也被科学家验证为正确。

高斯一生悠游于各种科学之中，让我们看到数学应用的各种可能性。而在这些新兴数学领域当中，还有一项将改变我们的世界观，那就是接下来要介绍的非欧几何学。

谁说平行线不能相交

1854 年，在数学家高斯任教的德国哥廷根大学有一场很特别的演讲，讲者是高斯之前的博士班学生——波恩哈德·黎曼。

之所以说这场演讲特别，是因为他主讲的题目是

威廉·韦伯（左）和高斯

威廉·韦伯（1804—1891）是德国著名的物理学家。1828 年，著名数学家高斯在听了韦伯的演讲后，称赞不已，并从 1831 年到 1850 年，和韦伯合作研究电学和磁学。两人除了架设了人类史上第一个电报系统、画出最早的地球磁场图外，还定出磁力的绝对单位。

老到不能再老的几何学，但是内容非常艰涩难懂，只有几个人听得懂。高斯当然就是其中听得懂的一人，他也露出了许久以来未出现的笑容，在他老年孤僻的生活中，这可以说是最令人振奋的事了。因为他知道他终于后继有人了。

黎曼当时主讲的题目是《论作为几何基础的假设》，主要讨论的是由欧几里得所著《几何原本》中的五大公设。这五大公设如本页最下图所示。长久以来，从欧几里得所处的时代开始，数学家就觉得第五条公设好像没这么直观。而且，就算没有它，单单用其他四条公设也可以推导出《几何原本》中的所有题目。于是，就开始有人怀疑第五条公设，俗称"平行公设"的正确性。19世纪上半叶，几位数学家，包括高斯和黎曼，都发现了平行公设的反例，也就是可以用来反驳平行公设的例子。

黎曼在讲台上细细地解说为什么第五条公设是没必要的。他先举了我们居住的地球的经纬线当作例子，他问听讲者："请问，我们地球的经线是不是一条一

波恩哈德·黎曼

黎曼（1826—1866）是德国著名数学家。在数学的许多领域都有很大的贡献，包括现代几何学和微积分，都可以看到黎曼的身影。黎曼最著名的贡献是发展出黎曼几何学（一种非欧几何学）。另外，黎曼是知名数学家高斯的博士班学生。

欧几里得几何五大公设：

①　从一个点向另一个点可以引出一条直线。

②　任意线段可以无限延长成一条直线。

③　给定任意线段，以它的一个端点作圆，可以得到一个半径为这个线段长的圆。

④　所有直角都相等。

⑤　如果两条直线都与另一条直线相交，并且在同一侧的内角和小于两个直角，则这两条线在这一边必定相交。（可改写为：如果两条直线都与另一条直线相交，而且夹角都是直角，则这两条直线必不相交。）

相交的平行线

地球上的每一条经线都和赤道垂直，因此它们是欧几里得几何学中定义的平行线。不过，在原欧几里得几何学中平行线不会相交，但这个例子中平行的经线却会相交，而且还相交了两次，分别在北极和南极。

条的平行线？"

若按照欧几里得几何学的定义来说，由于连接每一条经线的纬线和每一条经线都垂直，所以每一条经线都互为平行线。不过，有趣的事情来了，如果我们将这些平行线（经线）往两端延伸，却会发现它们不但会相交，而且还相交了两次，一次在北极、一次在南极。简单来说，这种研究曲面的几何学就是黎曼提出的新几何学。由于它和欧几里得几何学有许多不同，又自成系统，因此称为"非欧几何学"。以黎曼的几何学来说，它有三角形内角和大于 180°、圆周率小于 π 等特征。

除了"黎曼几何"以外，还有另一种有名的非欧几何叫作"罗氏几何"，是俄国数学家罗巴切夫斯基

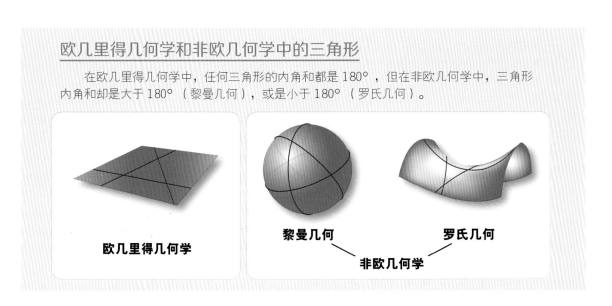

欧几里得几何学和非欧几何学中的三角形

在欧几里得几何学中，任何三角形的内角和都是 180°，但在非欧几何学中，三角形内角和却是大于 180°（黎曼几何），或是小于 180°（罗氏几何）。

欧几里得几何学

黎曼几何　　罗氏几何

非欧几何学

在 19 世纪 20 年代独立发展出来的。

或许你会好奇，为什么要发展这些奇怪的几何学？事实上，这些几何学也是为了解决我们生活中的问题而生，最早高斯就是在进行大地测量时，由于对曲面测量的需求，发展出非欧几何学的雏形的。不过，当时高斯怕得罪教会中的保守势力，因此没有发表。

不过，非欧几何学在近代最有名的应用，却在黎曼发表"黎曼几何"后的半个世纪才发生，那就是鼎鼎大名的科学家——阿尔伯特·爱因斯坦的"广义相对论"。在爱因斯坦提出的"广义相对论"中，所有其中引用的数学理论几乎都是来自"非欧几何学"以及它的延伸学科。

在华人中也有两位国际知名的"现代几何学"大师，他们分别是陈省身和丘成桐。他们进一步将"非欧几何学"的研究延伸下去，结合微积分和其他数学分析技巧，研究一门名为"微分几何"的学科。他们的研究让理论物理学结合了"广义相对论"和"量子力学"，发展出了"弦理论"，有助于我们了解整个宇宙的起源和构成原理。

陈省身和丘成桐

陈省身（1911—2004）和丘成桐（1949—）都是美籍华人著名微分几何学家，两人为师生关系，研究领域以黎曼几何学、拓扑学为主。其中，丘成桐在 1976 年证明了"卡拉比猜想"，后来称为"卡拉比—丘流形"，这项理论后来被应用在解释宇宙空间的"超弦理论"里。

约翰·沃利斯

沃利斯（1616—1703）是英国数学家和神秘学家。他在 1655 年出版了《无穷的算数》，并首度使用"∞"来代表无穷大。

比无穷大还大的数——集合论

1,2,3,4……一直延续下去会是什么数呢？是一亿、一兆，还是一兆兆呢？你会发现无论你找到了多大的数字，例如一兆兆，都还是有比它更大的数，如一兆兆零一。古代的数学家就发现了这件事情，并把这种无穷无尽大的数，或说是一个概念，命名为"无穷大"，并以数学符号"∞"表示。这个符号是在微积分发展时代，由英国数学家约翰·沃利斯所创，因为微积分中要探讨无限切割、无限数列等问题。

数学家们在经过微积分的洗礼之后，已经很广泛地使用"∞（无穷大）"，例如：

$$\sum_{k=1}^{\infty} \frac{1}{k} = \frac{1}{1} + \frac{1}{2} + \frac{1}{3} + \cdots\cdots = \infty$$

（∑符号表示连加），不过，数学家始终没去仔细定义和探讨它。

或许你会觉得，"无穷大"就是比任何数都还要大的数字，有什么好再特别定义的？不过，在 19 世纪下半叶，却有一位数学家仔细研究了无穷大，并且得到了丰硕的成果。这个数学家叫作——格奥尔格·康托尔。

事实上，康托尔研究的不只是无限大这个题目而已，他研究并且开创的是一门叫作"集合论"的学科，只是刚好这门新兴的数学学科很适合用来研究无穷大。

所谓"集合论"，就是把一些元素放在一起，构成一个整体。例如：{ 香蕉、苹果、莲雾、菠萝 }{ 汽车、挖土机、坦克、轮船、飞机 }{6,10,21,33} 都各是一个集合。集合论看似简单，却是现代数学，尤其是计算机科学的基础。也由于发明了集合论以及在集合论上的基础研究，康托尔被称为"集合论之父"。

关于集合论在"无穷大"这个问题上的应用，我们可以从下面这个问题出发。请问，如果我们把全部的正整数、正偶数和正奇数都分别做成一个集合，那么它们是否都拥有无限多的元素？以及，它们之中哪一个拥有最多的元素？

正整数集合：{1,2,3,4,5,6……}

正偶数集合：{2,4,6,8,10,12……}

正奇数集合：{1,3,5,7,9,11……}

格奥尔格·康托尔

康托尔（1845—1918）是出生于俄国的德国数学家，创立了"集合论"这个新的数学领域。集合论是数学上的一大变革，被视为现代数学的重要基础之一。康托尔也因此被称为"集合论之父"。

各种集合　将一些东西放在一起，就是一个集合。

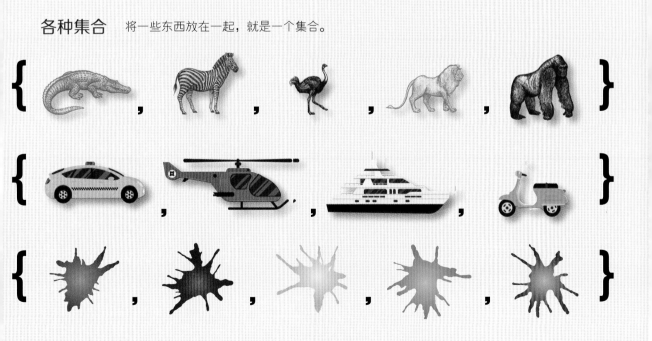

从上面的例子我们可以很清楚地看到，正整数集合、正偶数集合和正奇数集合都含有无限多个元素，因为随便找到一个超级大数字，如1兆兆，只要加1或加2就可以找到一个比它大的整数、偶数或奇数。那么，到底这三个拥有无限多个元素的集合，哪一个拥有最多的元素呢？

直观上来说，我们会觉得正整数集合应该有最多的元素，毕竟正偶数集合和正奇数集合都只是它的一部分。不过，康托尔却跟我们说，这三个集合中拥有一样多个元素。因为按照康托尔集合论的理论，只要能够找到一个能使两个集合两两对应的方法，这两个

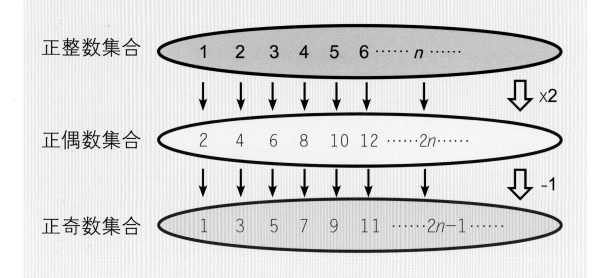

不同集合的对应关系

由康托尔所创的"集合论"中指出，不同集合之间只要能找到一对一的对应关系，则这些集合就有相同数量的元素。图中可以看出，只要将"正整数集合"中的每个元素 ×2，即可以得到"正偶数集合"中的所有元素；反过来，只要将"正偶数集合"中的每个元素 ÷2，即可以得到"正整数集合"中的每个元素。所以"正整数集合"和"正偶数集合"中包含的元素个数是一样的。一样的道理，也可以证明"正奇数集合"也拥有相同数量的元素。

正整数集合   1   2   3   4   5   6 ……n……

×2

正偶数集合   2   4   6   8   10   12 ……$2n$……

-1

正奇数集合   1   3   5   7   9   11 ……$2n-1$……

0～1之间小数的集合（举例）

{0.001，0.0001，0.2222……，0.3257624……，0.4……}

集合就拥有一样多的元素数量。以这个例子来说，我们只要把正整数集合里的每个数都乘2，就可以得到正偶数集合里的每个数；或者反过来说，只要把正偶数集合里的每个数都除以2，即可以得到所有正整数集合里的数。所以这两个集合里的数的个数都是无限多个，而且是一样多的无限多个。同样的方法，也可以证明正奇数集合拥有一样的、无限多个数字。

后来，康托尔还进一步证明出了0～1之间包含的全部小数的个数，比全部的正整数还多。也就是说，0～1之间由小数构成的集合的元素个数是无限多个，而且这个无限多比所有正整数个数的无限多还要多。因此0～1之间包含的全部的数的数量，就是一个比无穷大还大的数。

近代数学的理论越来越抽象，但它越来越能描绘我们这个复杂的世界和宇宙。无论是新数学的发明还是应用，都需要高度的创造力和想象力。期待有越来越多奇妙的数学领域诞生，也期待你就是创造它的一名数学家。

奇妙的数学游戏

反幻方

传说中，古代有神龟背着《洛书》，从河中出世，其中有个奇妙的九宫格，又被称为"三阶幻方"。在这个九宫格中，每一行、每一列和对角线的数字相加之和都相同。那么，你知道如何用 1 ~ 9 排出一个每一行、每一列和对角线相加之和都不相同的"反幻方"吗？

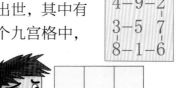

巧摆花瓶

李大叔是一个天才数学家，他总喜欢给他的晚辈们出一些有趣的数学问题。这天，他将 16 个花瓶分别写上 0 ~ 15 的数字，并跟他的晚辈们说，你们之中谁能够把这些花瓶摆放成每一行、每一列及对角相加之和都相等的，我就给他一笔奖金。另外，他还问，在这样的摆放之下，有哪几个花瓶是不用移动的呢？你有办法排出来吗？

十字勋章

骑士洛克斩杀了为非作歹的三头龙有功，国王特别颁发一个十字勋章给他。不过，这个十字勋章又重又沉，形状又很不规则，无法放进洛克习惯背的方形侧背包里。请问，你有什么办法可以帮洛克把十字勋章切割成正方形的呢？

反幻方答案

仔细算算看，是不是每一行、每一列以及对角线的数字相加之和都不相同呢？

巧摆花瓶答案

只要将花瓶排列成图中的顺序，就可以让每一行、每一列以及对角线的数字相加之和都相等。另外，我们可以发现编号 3、5、6、9、10、12 和 15 号的花瓶不用移动，图中特别插上花来表示。

十字勋章答案

只要按照底下左图标示的位置，就可以把十字勋章切开来并组装成一个正方形！只是要问骑士洛克的是：你真的下定决心要把这么漂亮的十字勋章切开吗？

交换宝石

宝石总是璀璨动人、光彩夺目，不过，每一种宝石都闪烁着不同的光芒，让人想要拥有。目前，全世界有 12 位宝石专家，他们各自拥有一种漂亮的宝石。由于对宝石的渴望，他们讲好，要互相传递信件，让每个人都拥有这 12 种宝石。请问他们最少要互相寄几封信，才能让所有的人都拥有 12 种宝石呢？

最省力的方式

丁丁、小梅、小青、耗子和刘哥是 5 个好朋友，他们约好了要一起见面吃饭、叙叙旧。不过，现在 5 个人分布在城市的不同位置，请问他们要约在哪个点见面，可以让 5 个人走的路加起来最少呢？

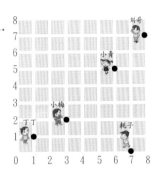

掌控全局

杨老怪是国际象棋界的怪才，他不但打遍天下无敌手，还对国际象棋界的其他棋手说，面对一个 8×8 的棋盘，只要 12 个骑士就可以掌控全局，请问杨老怪是怎么办到的呢？（国际象棋中的骑士和象棋的马一样，都是走"日"字格，也就是在任意 2×3 的格子里，它可以从一个顶点走到另一个顶点）

交换宝石答案

最好的方法就是选择一个人当中心，让其他人都先寄不同的宝石给他。之后，他再按照不同的人缺少的宝石，一并寄给那个人。所以最少的寄信次数为 22 次。仔细观察看看，这个图形是不是很像闪烁着光芒的钻石呢？

最省力的方式答案

先将每个人的位置都投影到横坐标，可以发现 5 是全部的人的中心点。

再将每个人的位置都投影到纵坐标，可以发现 3 是全部的人的中心点。

所以坐标（5，3）就是见面的地方。

掌控全局答案

图中的十二个骑士就可以掌控整个棋盘的所有位置。不信的话，你可以选定棋盘中的任何一个位置试看看！

图书在版编目（CIP）数据

数学的故事 / 小牛顿科学教育公司编辑团队编著 . -- 北京 ： 北京时代华文书局，2018.12
（小牛顿科学故事馆）
ISBN 978-7-5699-2687-3

Ⅰ ． ①数… Ⅱ ． ①小… Ⅲ ． ①数学—少儿读物 Ⅳ ． ① 01-49

中国版本图书馆 CIP 数据核字（2018）第 239116 号

版权登记号 01-2018-7695

文稿策划：苍弘萃、林鼎原
美术编辑：朱正玉

图片来源：
Wikipedia：
P4、P6~P8、P11~P14、P20、P24~P25、P27~P29、P31~P34、P38~P40、P44、P46~P53、P56~P59、P61、P63、P67、P71
Shutterstock：

P1~P4、P9~P11、P15~P20、P23、P27、P29~P33、P35、P37、P42~P43、P50~P52、P54、P56、P58~P59、P62、P65~P66、P68~P69、P71

插画：
张奕莹：P35、P55、P61
陈瑞松：P54、P74、P79
牛顿／小牛顿资料库：P42、P70

数 学 的 故 事

Shuxue de Gushi

编　　著 | 小牛顿科学教育公司编辑团队

出 版 人 | 陈　涛
责任编辑 | 许日春　沙嘉蕊　王雨沉
装帧设计 | 九　野　王艾迪
责任印制 | 刘　银

出版发行 | 北京时代华文书局 http://www.bjsdsj.com.cn
　　　　　北京市东城区安定门外大街 136 号皇城国际大厦 A 座 8 楼
　　　　　邮编：100011　电话：010-64267955　64267677
印　　刷 | 小森印刷（北京）有限公司　010-80215073
　　　　　（如发现印装质量问题，请与印刷厂联系调换）
开　　本 | 787mm×1092mm　1/16　印　张 | 5　字　数 | 74 千字
版　　次 | 2020 年 1 月第 1 版　印　次 | 2020 年 1 月第 1 次印刷
书　　号 | ISBN 978-7-5699-2687-3
定　　价 | 29.80 元